MATHEMATISCH-PHYSIKALISCHE BIBLIOTHEK

Unter Mitwirkung von Fachgenossen herausgegeben von
Oberstud.-Dir. Dr. **W. Lietzmann** und Oberstudienrat Dr. **A. Witting**
Fast alle Bändchen enthalten zahlreiche Figuren. kl. 8.

Die Sammlung, die in einzeln käuflichen Bändchen in zwangloser Folge herausgegeben wird, bezweckt, allen denen, die Interesse an den mathematisch-physikalischen Wissenschaften haben, es in angenehmer Form zu ermöglichen, sich über das gemeinhin in den Schulen Gebotene hinaus zu belehren. Die Bändchen geben also teils eine Vertiefung solcher elementarer Probleme, die allgemeinere kulturelle Bedeutung oder besonderes wissenschaftliches Gewicht haben, teils sollen sie Dinge behandeln, die den Leser, ohne zu große Anforderungen an seine Kenntnisse zu stellen, in neue Gebiete der Mathematik und Physik einführen.

Bisher sind erschienen (1912/28):

Der Gegenstand der Mathematik im Lichte ihrer Entwicklung. Von H. Wieleitner. (Bd. 50)

Beispiele zur Geschichte der Mathematik. Von A. Witting und M. Gebhardt. I. Teil. [U. d. Pr. 1928.] II. Teil. 2. Aufl. (Bd. 82 u. 15)

Ziffern und Ziffernsysteme. Von E. Löffler. I. Die Zahlzeichen der alten Kulturvölker. 3. Aufl. [In Vorb. 1928.] II. Die Zahlzeichen im Mittelalter und in der Neuzeit. 2. Aufl. (Bd. 1 u. 34)

Der Begriff der Zahl in seiner logischen und historischen Entwicklung. Von H. Wieleitner. 3. Aufl. (Bd. 2)

Wie man einstens rechnete. Von E. Fettweis. (Bd. 49)

Archimedes. Von A. Czwalina. (Bd. 64)

Die 7 Rechnungsarten mit allgemeinen Zahlen. Von H. Wieleitner. 2. Aufl. (Bd. 7)

Abgekürzte Rechnung. Nebst einer Einführung in die Rechnung mit Logarithmen. Von A. Witting. (Bd. 47)

Interpolationsrechnung. Von B. Heyne. [In Vorb. 1928.] (Bd. 79)

Wahrscheinlichkeitsrechnung. Von O. Meißner. 2. Aufl. I. Grundlehren. II. Anwendungen. (Bd. 4 u. 33)

Korrelationsrechnung. Von F. Baur. (Bd. 75)

Die Determinanten. Von L. Peters. (Bd. 65)

Mengenlehre. Von K. Grelling. (Bd. 58)

Einführung in die Infinitesimalrechnung. Von A. Witting. 2. Aufl. I. Die Differentialrechnung. II. Die Integralrechnung. (Bd. 9 u. 41)

Gewöhnliche Differentialgleichungen. Von K. Fladt. (Bd. 72)

Unendliche Reihen. Von K. Fladt. (Bd. 61)

Kreisevolventen und ganze algebraische Funktionen. Von H. Onnen. (Bd. 51)

Konforme Abbildungen. Von E. Wicke. (Bd. 73)

Vektoranalysis. Von L. Peters. (Bd. 57)

Ebene Geometrie. Von B. Kerst. (Bd. 10)

Der pythagoreische Lehrsatz mit einem Ausblick auf das Fermatsche Problem. Von W. Lietzmann. 3. Aufl. (Bd. 3)

Der Goldene Schnitt. Von H. E. Timerding. 2. Aufl. (Bd. 32)

Einführung in die Trigonometrie. Von A. Witting. (Bd. 43)

Sphärische Trigonometrie. Kugelgeometrie in konstruktiver Behandlung. Von L. Balser. (Bd. 69)

Methoden zur Lösung geometrischer Aufgaben. Von B. Kerst. 2. Aufl. (Bd. 26)

Nichteuklidische Geometrie in der Kugelebene. Von W. Dieck. (Bd. 31)

Fortsetzung siehe 3. Umschlagseite

erlag von B. G. Teubner in Leipzig und Berlin

MATHEMATISCH-PHYSIKALISCHE BIBLIOTHEK

HERAUSGEGEBEN VON W. LIETZMANN UND A. WITTING

75

KORRELATIONSRECHNUNG

VON

DR. FRANZ BAUR

MIT 3 ABBILDUNGEN IM TEXT

1928

Springer Fachmedien Wiesbaden GmbH

ISBN 978-3-663-15335-1   ISBN 978-3-663-15903-2 (eBook)
DOI 10.1007/978-3-663-15903-2

VORWORT

Die Korrelationsrechnung ist einer der jüngsten Triebe am immergrünen Baume der Mathematik. Wenn sie sich auch nicht messen kann mit der Gedankentiefe der Mengenlehre, die die Wurzeln der Logik und der Erkenntnislehre berührt, und keine besonderen Anforderungen an das Abstraktionsvermögen stellt wie etwa Teile der neueren Geometrie, so kommt ihr doch eine große Bedeutung zu. Diese liegt in dem weiten Umfange ihrer praktischen Verwendungsfähigkeit. Nicht nur die sog. beschreibenden Naturwissenschaften, aus deren Aufgabenkreis die Korrelationsrechnung herausgewachsen ist, sondern auch die Heilkunde, die Soziologie, die Volkswirtschaftslehre, die Versicherungswissenschaft, ja selbst die exakten Naturwissenschaften bedürfen ihrer. Sie findet überall dort Anwendung, wo Zusammenhänge zwischen Erscheinungen komplexer Art aus der Erfahrung heraus gesucht und näher erforscht werden sollen.

Der geringe Umfang des Büchleins läßt selbstverständlich keine erschöpfende Darstellung der Korrelationsrechnung zu; aus demselben Grunde und mit Rücksicht auf den gedachten Leserkreis war es auch nicht möglich, zu allen Lehrsätzen und Formeln die Beweise und Ableitungen zu geben. Dafür hoffe ich aber eine verständliche Anleitung zur richtigen Anwendung der Korrelationsrechnung gegeben zu haben. Für weitergehende Studien über die Theorie der Korrelation von zwei Veränderlichen sei das vortreffliche Buch „Grundbegriffe und Grundprobleme der Korrelationstheorie" von A. A. Tschuprow, Leipzig 1925, empfohlen.

An Vorkenntnissen zum Verständnis des Büchleins sind im allgemeinen nur die jedem Schüler der oberen Klassen der höheren Schulen geläufigen Grundbegriffe und Formeln der elementaren Algebra und Geometrie vorausgesetzt. Nur bei der Ableitung des Korrelationskoeffizienten (Kap. 17) und der Berechnung der Beziehungskoeffizienten für mehr als zwei Veränderliche (Kap. 26) sowie bei der Erörterung des Begriffes der normalen Korrelation war es nicht zu umgehen, von den Hilfsmitteln der Infinitesimalrechnung Gebrauch zu machen.

Zur Unterscheidung von der eigentlichen Darstellung sind die Beispiele in kleinerer Schrift gedruckt. Der Leser möge sich dadurch nicht verleiten lassen, die Beispiele zu überspringen; denn sie bilden einen wesentlichen Bestandteil des Büchleins.

Berlin, März 1928. FRANZ BAUR

INHALT

Seite

Vorwort III

I. Wahrscheinlichkeitstheoretische Grundlagen der Korrelationsrechnung

1. Der klassische Wahrscheinlichkeitsbegriff. 1
2. Relative Häufigkeit, apriorische und aposteriorische Wahrscheinlichkeit 2
3. Das Gesetz der großen Zahlen und die Häufigkeitsdefinition der Wahrscheinlichkeit 4
4. Additionssatz der Wahrscheinlichkeitsrechnung 7
5. Multiplikationssatz der Wahrscheinlichkeitsrechnung . . . 8
6. Die bedingte Wahrscheinlichkeit 9
7. Das Verteilungsgesetz. 10
8. Mathematische Erwartung und Streuung. 11

II. Grundbegriffe der Korrelationsrechnung

9. Der Funktionsbegriff und die bildliche Darstellung von Funktionen 14
10. Funktioneller Zusammenhang und stochastische Verbundenheit 17
11. Die Strammheit des Zusammenhanges 19
12. Das stochastische Abhängigkeitsgesetz 19
13. Korrelationstabellen. 20

III. Die Maßzahlen des stochastischen Abhängigkeitsgesetzes

14. Die drei grundlegenden Parametersysteme 24
15. Das bedingte Verteilungsgesetz. 27
16. Die Beziehungsgleichung 29
17. Der Korrelationskoeffizient. 34
18. Zahlenbeispiele. 38
19. Das Korrelationsverhältnis. 42
20. Höhere r-Parameter. 45
21. Die „normale" Korrelation. 46

IV. Die Schätzung der apriorischen Maßzahlen auf Grund empirischer Werte

22. Apriorische und empirische Maßzahlen. 47
23. Die Schätzungsfehler des Korrelationskoeffizienten . . . 48

24. Die Schätzungsfehler des Korrelationsverhältnisses . . . 49
25. Die Deutung der Korrelationskoeffizienten und Korrelationsverhältnisse 50

V. Die stochastische Verbundenheit von mehr als zwei Veränderlichen

26. Lineare Beziehungsgleichungen für mehrere Veränderliche 51
27. Zahlenbeispiel 56
Geschichtliches 57

ABKÜRZUNGEN

W. = Wahrscheinlichkeit
Wn. = Wahrscheinlichkeiten
W.-R. = Wahrscheinlichkeitsrechnung
r. H. = relative Häufigkeit
r. Hn. = relative Häufigkeiten
K. = Korrelation
K.-R. = Korrelationsrechnung
Kkf. = Korrelationskoeffizient
Kkfn. = Korrelationskoeffizienten
Kvh. = Korrelationsverhältnis
m. F. = mittlerer Fehler
math. Erw. = mathematische Erwartung

I. WAHRSCHEINLICHKEITSTHEORETISCHE GRUNDLAGEN DER KORRELATIONSRECHNUNG

1. DER KLASSISCHE WAHRSCHEINLICHKEITSBEGRIFF

Denken wir uns eine Urne, die m Kugeln enthält. a von diesen Kugeln seien weiß, $b = m - a$ Kugeln schwarz, im übrigen seien die Kugeln einander gleich. Nachdem der Inhalt der Urne gehörig gemischt worden ist, werde eine Kugel „blindlings" gezogen, d. h. ohne daß der Ziehende imstande wäre, absichtlich eine bestimmte Farbe oder Kugel zu bevorzugen und ohne daß die Möglichkeit des Gezogenwerdens für irgendeine der m Kugeln größer wäre als für die anderen. Bezeichnet man nun das Ziehen einer weißen Kugel als Ereignis E, so liefern von den m gleichmöglichen Zügen a das Ereignis E; diese a Züge sind für E, wie man sagt, „günstig". Der Quotient $a:m$ wird (mathematische) Wahrscheinlichkeit des Ereignisses E genannt.

Definition: Unter der (mathematischen) Wahrscheinlichkeit eines Ereignisses wird der Quotient der Anzahl der ihm günstigen Fälle durch die Anzahl aller gleichmöglichen Fälle verstanden.[1]

Dieses ist die klassische Definition der Wahrscheinlichkeit (abgekürzt: W., Mehrzahl Wn.), wie sie von den französischen Mathematikern des 17. und 18. Jahrhunderts aufgestellt wurde. Drücken wir die Wahrscheinlichkeit des Ereignisses E durch das Symbol w_E aus, so ist also

$$(1) \qquad w_E = \frac{a}{m}.$$

---

[1] Durch den Zusatz „mathematische" soll der Unterschied einer solchen zahlenmäßig bestimmten Wahrscheinlichkeit gegenüber dem bloßen Begriff der Wahrscheinlichkeit als Gegensatz der Notwendigkeit zum Ausdruck gebracht werden. Da man es in der Korrelationsrechnung (abgekürzt: K.-R.) immer nur mit mathematischen Wahrscheinlichkeiten zu tun hat, so wird im folgenden das Beiwort „mathematische" fortgelassen und einfach von Wahrscheinlichkeiten gesprochen werden.

Aus dieser Definition folgt sofort, daß die Wahrscheinlichkeit 1 „Sicherheit" bedeutet. Wenn alle Kugeln weiß sind, dann muß eben eine weiße Kugel gezogen werden, die W. ist $\frac{m}{m} = 1$.

2. RELATIVE HÄUFIGKEIT, APRIORISCHE UND APOSTERIORISCHE WAHRSCHEINLICHKEIT

Denkt man sich irgendeine aus n Gliedern bestehende Reihe zunächst gleichberechtigter Dinge nach irgendwelchen Gesichtspunkten in mehrere einander ausschließende Teilreihen $A, B, C, \ldots$ mit den Gliederzahlen $a, b, c, \ldots$ zerlegt, so nennt man die Quotienten $a:n$, $b:n$ usw. die **relative Häufigkeit** (kurz r. H., Mehrzahl r. Hn.) der nach diesen Gesichtspunkten unterschiedenen Dinge. Sind z. B. in einer Klasse von 56 Schülern 30 Mädchen und 26 Knaben, so ist die r. H. der Mädchen in dieser Klasse 30:56.

Wenden wir diesen Begriff der r. H. auf die Wahrscheinlichkeitsdefinition an, so läßt sich die **Wahrscheinlichkeit eines Ereignisses E auch als relative Häufigkeit der für E günstigen Fälle** bezeichnen. Die Einführung des Begriffes der r. H. in die Wahrscheinlichkeitstheorie ermöglicht eine beträchtliche Erweiterung derselben über den engen Rahmen hinaus, in den sie genau genommen durch die klassische Definition gezwängt ist. Das wird am besten deutlich, wenn wir den Unterschied zwischen apriorischen und aposteriorischen Wahrscheinlichkeiten betrachten.

Wenn über ein vom Zufall abhängiges Ereignis E ein solches Wissen zu Gebote steht, daß wir den Gesamtumfang aller Verwirklichungsmöglichkeiten (der günstigen und ungünstigen Ereignisse) mit jenem Teilumfang, der notwendig zu E führt, quantitativ (zahlenmäßig) vergleichen können, so lassen sich allein auf Grund dieses Wissens die maßgebenden Wn. berechnen. Sind z. B. in einer Urne 4 rote, 7 schwarze und 5 weiße Kugeln vorhanden, so ist die W., eine rote Kugel zu ziehen, $\frac{4}{4+7+5} = \frac{4}{16} = \frac{1}{4}$, die, eine schwarze zu ziehen, $\frac{7}{16}$, die, eine weiße zu ziehen, $\frac{5}{16}$. Eine solche aus dem Wissen des Gesamtumfanges aller Verwirklichungsmöglichkeiten abgeleitete W. wird als **apriorische**[1] Wahrscheinlichkeit bezeichnet. Leser, denen KANT nicht unbekannt ist, werden an dieser Bezeichnungsweise auszusetzen haben, daß eine solche Wahrscheinlichkeitsbestimmung nicht a priori im Kantschen Sinne ist, da sie eben doch nicht ohne jede Erfahrung möglich ist. Dieser Einwand ist richtig. Dennoch ist die Unterscheidung zwischen apriorischer und aposteriorischer W. sinnvoll und gerade im Hinblick auf die Grundlegung der K.-R. zweckmäßig. Wir können uns ja denken, daß die Urne die oben angegebene Zahl von roten, schwarzen und weißen Kugeln tatsächlich enthält, daß wir aber **nicht** wissen, wieviel sie enthält, und auch nicht in der Lage sind, die Kugeln zu zählen, sondern uns **nur** dadurch ein Bild von dem Inhalt der Urne machen können, daß wir wiederholt Ziehungen aus derselben vornehmen und nach **jedem** Zug einer Kugel diese wieder in die Urne zurücklegen und erneut gründlich mischen. Dann **ist die** W., daß z. B. eine schwarze Kugel gezogen wird, nach der klassischen Wahrscheinlichkeitsdefinition $\frac{7}{16}$, wir können sie aber, weil wir ja der Annahme entsprechend die Kugeln nicht zählen können, **nicht bestimmen**. Diese W. ist also ohne unsere Erfahrung da und in diesem Sinne a priori. Wenn wir aber nun z. B. 1000 Züge aus der Urne machen (unter jeweiliger Zurücklegung der gezogenen Kugel und erneuter Mischung nach jedem Zuge) und dabei vielleicht 249 mal eine rote, 438 mal eine schwarze und 313 mal eine weiße Kugel ziehen, so bekommen wir dadurch eine gewisse Vorstellung von dem Inhalte der Urne. Die r. H. der gezogenen roten Kugeln ist $\frac{249}{1000} = 0.249$, die der schwarzen 0.438, die der weißen 0.313. Die Häufigkeitsdefinition der W. berechtigt uns nun, auch in diesem Falle von Wn. zu sprechen und die r. H. z. B. des Erscheinens einer schwarzen Kugel als W. eines Zuges einer schwarzen Kugel aufzufassen. Eine derartige aus der Erfahrung, der Beobachtung, gewonnene Wahrscheinlichkeitsbestimmung heißt a posteriori[2]; die betreffenden Wn. werden in der Regel als **aposteriorische**

---

[1] Vom lat. prior = früher, a priori = von vornherein.
[2] Vom lat. posterior = später, a posteriori = nachträglich.

4   I. Grundlagen der Korrelationsrechnung

oder auch als **statistische** Wahrscheinlichkeiten bezeichnet. Wir wollen sie künftig **Erfahrungswahrscheinlichkeiten** nennen.

3. DAS GESETZ DER GROSSEN ZAHLEN UND DIE HÄUFIGKEITSDEFINITION DER WAHRSCHEINLICHKEIT

Auch der gesunde Menschenverstand sagt uns, daß wir in dem soeben erwähnten Beispiele die r. Hn. wenigstens angenähert als Wn. betrachten dürfen. Diesem intuitiven Urteil liegt aber unbewußt eine für die **Anwendung** der Wahrscheinlichkeitsrechnung (W.-R.) ungemein wichtige Erfahrung zugrunde. Wir sagten: „angenähert" geben die r. Hn. die Wahrscheinlichkeiten. Das hat seinen Grund darin, daß ja die r. Hn. bei jeder Versuchsreihe sich mit jedem neuen Versuch wieder um einen gewissen, wenn auch kleinen Betrag ändern, während doch die **Wahrscheinlichkeit** des Eintritts eines Ereignisses dem ganzen Sinne nach, den wir mit diesem Worte verbinden, **bei gleichbleibenden Versuchsbedingungen unverändert** bleiben muß. In dem obigen Beispiel war z. B. nach dem 1000. Zuge die r. H. der schwarzen Kugeln 0.438. Der 1001. Zug ergibt nun entweder eine schwarze Kugel oder eine nichtschwarze Kugel. Im ersten Falle steigt die r. H. auf $\frac{439}{1001} = 0.43856$, im zweiten sinkt sie auf $\frac{438}{1001} = 0.43756$. Wie groß aber ist die Wahrscheinlichkeit des Zuges einer schwarzen Kugel? Wir wissen, daß sie im vorliegenden Falle $\frac{7}{16}$ beträgt, weil wir die apriorische W. kennen. In den zahlreichen mit Hilfe der W.-R. und der K.-R. zu lösenden Aufgaben, vor die uns die Natur und das menschliche Leben stellt, kennen wir aber die apriorische W. meistens nicht. Sie ist wohl das, was wir im Grunde suchen, wie wir ja überall nach der Feststellung **objektiver** Gesetzmäßigkeiten streben. Aber das, was uns tatsächlich zur Verfügung steht, sind in den meisten Fällen nur r. Hn. Daß wir sie als Wn. deuten dürfen, hat seinen tieferen Grund in dem als **„Gesetz der großen Zahlen"** bekannten Erfahrungssatz. Wir drücken ihn folgendermaßen aus:

Die relative Häufigkeit, mit der ein zufälliges Ereignis auftritt, nähert sich bei andauernder

Fortsetzung der Versuche unter den gleichen wesentlichen Bedingungen immer mehr einem festen Wert.[1]) Das Wort „zufällig" ist dabei selbstverständlich nicht so aufzufassen, als ob es sich um ein außerhalb der Kausalität (Ursächlichkeit) alles Geschehens stehendes Ereignis handeln würde. Der Wahrscheinlichkeitstheoretiker und mathematische Statistiker versteht unter „Zufall" lediglich eine besondere **Form** der Kausalität: Zufällige Ereignisse sind solche, bei denen entweder kleinste, selbst mit den feinsten Meßgeräten nicht wahrnehmbare Änderungen der Ursachen für die Wirkung, den Erfolg, bestimmend sind, oder der Vorgang ein außerordentlich verwickelter, die Zahl der mitwirkenden Ursachen so ungeheuer groß ist, daß sie nicht in ihrer Gesamtheit überblickt werden können.

Das Gesetz der großen Zahlen kann nicht „bewiesen" werden, aber es gründet sich auf eine Erfahrung, die unzählige Male schon gemacht worden ist und immer wieder aufs neue gemacht werden kann, auf die Tatsache, daß die Schwankungen in der r. H. zufälliger Ereignisse immer kleiner werden, je größer die Zahl der angestellten Versuche oder Beobachtungen ist. Das gilt nicht nur für die Ereignisreihen, die allgemein als „zufällige" bezeichnet werden, z. B. die mit einem Würfel geworfenen Zahlen oder Blindlingsziehungen aus einer Urne, sondern überhaupt für alle Erscheinungsreihen, die im Sinne der Wahrscheinlichkeitstheorie als „zufällige" angesehen werden können, wozu die Mehrzahl aller statistischen Reihen von Zuständen und Ereignissen in der menschlichen Gesellschaft und von Naturbeobachtungen gehören. Betrachten wir beispielsweise die **täglichen Temperaturmittel** im Januar in Berlin. Die mittlere Temperatur eines Tages hängt von tausenderlei Einflüssen ab. Wir kennen wohl die dabei in Betracht kommenden physikalischen Vorgänge wie Wärmezufuhr bzw. -abfuhr durch Strahlung, durch Leitung und durch Luftmassenaustausch und können für diese Vorgänge zahlenmäßige Gesetze aufstellen, aber jede einzelne der dabei in Rechnung zu stellenden Größen

---

[1]) Dieser Erfahrungssatz darf nicht mit dem **fälschlicherweise** häufig auch als „Gesetz der großen Zahlen" bezeichneten POISSONschen Theorem verwechselt werden, das rein arithmetischer Natur ist.

6 I. Grundlagen der Korrelationsrechnung

ist wiederum von so vielen Umständen, die wir nicht in ihrer Gesamtheit genau überblicken können, abhängig, daß die tägliche Temperatur eines Ortes wahrscheinlichkeitstheoretisch doch als eine zufällige Größe aufgefaßt werden kann. Bezeichnen wir das aus einer langjährigen Beobachtungsreihe (z. B. der 60 jährigen Reihe 1848/1907) gewonnene arithmetische Mittel der mittleren Temperatur eines bestimmten Kalendertages als „Normalwert" der Temperatur dieses Tages, so können alle Tage, die eine höhere mittlere Temperatur als der zu dem betreffenden Tag gehörende Normalwert aufweisen, „zu warm", alle, die eine niederere Temperatur haben, „zu kalt" genannt werden. Zählen wir nun ab[1]), wie viele Tage im Januar in Berlin zu warm und wie viele zu kalt waren (wobei wir die wenigen Tage, deren Temperaturmittel mit dem Normalwert genau übereinstimmte, zur Hälfte zu den warmen, zur Hälfte zu den kalten rechnen), so erhalten wir folgende r. Hn. der zu warmen und zu kalten Tage:

Zeitraum	zu warm	zu kalt
1848—1857	164 : 310 = 0.5290	146 : 310 = 0.4710
1848—1867	352 : 620 = 0.5677	268 : 620 = 0.4323
1848—1887	719 : 1240 = 0.5798	521 : 1240 = 0.4202
1848—1907	1070 : 1860 = 0.5753	790 : 1860 = 0.4247

Auf die Gründe, warum die Zahl der zu warmen Tage im Januar größer ist als die der zu kalten, können wir hier nicht eingehen. Worauf es im vorliegenden Zusammenhange ankommt und was aus der kleinen Tabelle mit aller Deutlichkeit hervorgeht, das ist die Tatsache, daß die r. Hn. der zu warmen und zu kalten Tage bei immer größer werdender Beobachtungszahl schließlich nahezu konstant (gleichbleibend) werden. Die r. Hn. in den ersten 20 und in den ersten 40 Jahren (bei 620 bzw. 1240 Tagesmitteln) sind in der ersten Dezimale gleich, bei weiterer Ausdehnung von 40 auf 60 Beobachtungsjahre (von 1240 auf 1860 Tage) bleibt sogar bereits die 2. Dezimale konstant. Man kann daher sagen: Die (Erfahrungs-) Wahrscheinlichkeit des Eintrittes eines gegen-

[1]) Vgl. G. HELLMANN, Das Klima von Berlin II. Teil, Veröffentl. d. Preuß. Met. Institutes Nr. 211, Berlin 1910.

über dem langjährigen Durchschnittswert zu warmen Tages beträgt in Berlin im Januar 0.58, die eines zu kalten 0.42.

Die Annahme der Existenz eines Grenzwertes der r. H., eines Wertes dem sich die r. H. bei zunehmender Versuchszahl immer mehr nähert, ist die Grundlage, auf die sich die Häufigkeitsdefinition der W. stützt. Für Erfahrungswahrscheinlichkeiten läßt sich dann die folgende **Definition** aufstellen: Unter der Wahrscheinlichkeit eines Ereignisses versteht man den Grenzwert der relativen Häufigkeit seines Auftretens.[1]) An Stelle der Formel (1) tritt dann die Formel

(2) $$w_E = \lim_{m \to \infty} \frac{a}{m}.$$

limes, abgekürzt lim, ist das lateinische Wort für Grenze oder Grenzwert. Mit der mathematischen Bezeichnung $\lim_{m \to \infty}$ wird zum Ausdruck gebracht, daß die Größe, die dem limes gleichgesetzt ist, mit wachsendem m eine Zahlenfolge $u_1, u_2, u_3, \ldots$ durchläuft, die sich immer mehr einem bestimmten Wert, eben dem Grenzwert, nähert.

Die formalen Gesetze der W.-R. lassen sich ebenso aus der Definition (1) wie aus der Definition (2) ableiten. Der Gedankengang der Beweisführung ist wohl in manchen Punkten verschieden, die Gesetze, die erhalten werden, sind aber in beiden Fällen die gleichen.

Da zum Verständnis der Ableitung der Gesetze aus der zweiten Definitionsform die Kenntnis der Grundregeln der Infinitesimalrechnung vorausgesetzt werden müßte, wollen wir im folgenden von der Formel (1) ausgehen, dabei aber die Auffassung der W. als r. H. im Auge behalten.

4. ADDITIONSSATZ DER WAHRSCHEINLICHKEITSRECHNUNG

Lassen sich die einem Ereignisse E günstigen Fälle, a an Zahl, von irgendeinem Gesichtspunkte aus in mehrere Gruppen von $a_1, a_2, \ldots, a_n$ Fällen unterteilen, derart, daß

---

[1]) Als Begründer der Häufigkeitstheorie der W. ist LESLIE ELLIS anzusehen. Die vollständige Durchführung der neuen Auffassung an den Hauptproblemen der W.-R. hat v. MISES in der „Mathem. Zeitschr." 5 (1919) veröffentlicht.

8   I. Grundlagen der Korrelationsrechnung

jeder der a Fälle einer und nur einer dieser Gruppen angehört, dann ist

(3) $$w_E = \frac{a}{m} = \frac{a_1}{m} + \frac{a_2}{m} + \frac{a_3}{m} + \cdots + \frac{a_n}{m},$$

wenn m die Anzahl der möglichen Fälle ist. Es gilt also folgender

Satz: Wenn ein Ereignis auf mehrere einander ausschließende Arten eintreffen kann, so ist seine W. gleich der Summe der den einzelnen Arten des Eintreffens zukommenden Wn.

Beisp.: Eine Urne enthält 100 Kugeln, davon sind 25 weiß, 20 rot, 36 blau und 19 grün. Die W., daß eine farbige (rote oder blaue oder grüne) Kugel gezogen wird, ist $\frac{20}{100} + \frac{36}{100} + \frac{19}{100} = \frac{75}{100} = \frac{3}{4}$.

5. MULTIPLIKATIONSSATZ DER WAHRSCHEINLICHKEITSRECHNUNG

Ein Ereignis E kann auch in dem Zusammentreffen mehrerer Ereignisse $E_1, E_2, \ldots, E_r$ bestehen. Von den $m_1, m_2, \ldots, m_r$ möglichen Fällen, welche diesen Ereignissen zugrunde liegen, muß dann je einer eintreten. Da sich jeder Fall der ersten Gruppe mit jedem der zweiten verbinden läßt, jede dieser Verbindungen wiederum mit jedem Fall der dritten Gruppe vereinigt werden kann usw., so gibt es in bezug auf das Ereignis E

$$m = m_1 \cdot m_2 \cdot m_3 \cdots m_r$$

mögliche Fälle, die alle gleichmöglich sind, wenn die $m_1, m_2, \ldots, m_r$ untereinander gleichberechtigt und die Ereignisse $E_1, E_2, \ldots, E_r$ voneinander **unabhängig** sind.

Sind a_1 günstige Fälle für E_1, a_2 günstige Fälle für E_2 usw. vorhanden, so kann das Ereignis E auf

$$a = a_1 \cdot a_2 \cdots a_r$$

Arten stattfinden. Die W. des aus mehreren Einzelereignissen zusammengesetzten Ereignisses ist daher

(4) $$\frac{a}{m} = \frac{a_1}{m_1} \cdot \frac{a_2}{m_2} \cdot \frac{a_3}{m_3} \cdots \frac{a_r}{m_r}.$$

Die Gleichung (4) ergibt den

Satz: Die W. für das Zusammentreffen mehrerer voneinander unabhängiger Ereignisse ist das Produkt der Wn. dieser Ereignisse.

Es ist dabei ganz gleichgültig, ob das Zusammentreffen ein gleichzeitiges oder eine zeitliche Folge von Ereignissen ist.

Beisp.: Aus jeder von zwei Urnen wird eine Kugel gezogen. In der einen Urne befinden sich 5 weiße und 5 schwarze Kugeln, in der anderen 5 weiße und 10 schwarze Kugeln. Die W., daß aus jeder Urne eine weiße Kugel gezogen wird, ist

$$\frac{5}{10} \cdot \frac{5}{15} = \frac{25}{150} = \frac{1}{6}.$$

Die Unabhängigkeit der beiden Ereignisse ist hier offenkundig.

6. DIE BEDINGTE WAHRSCHEINLICHKEIT

Für die Grundlegung der K.-R. ist der Begriff der **bedingten** (oder relativen) W. von besonderer Wichtigkeit. Man versteht darunter die W., die der Eintritt eines Ereignisses E unter der Voraussetzung hat, daß ein anderes Ereignis F verwirklicht ist. Wir bezeichnen sie symbolisch mit $w_E^{(F)}$.

Sind mehrere Ereignisse $E_1, E_2, \ldots, E_r$ in der Weise voneinander **abhängig**, daß die W. von E_n durch das Eintreten oder Nichteintreten der in der Reihe vorausgehenden Ereignisse beeinflußt ist, so sind bei der Berechnung der W., daß die r Ereignisse zusammentreffen, in Formel (4) vom zweiten Ereignis an die bedingten Wn. einzusetzen. Im Falle von 2 voneinander abhängigen Ereignissen A und B gilt daher, wenn mit $w_{a|b}$ die W. für das Zusammentreffen von A und B, mit p die nichtbedingte W. von A, mit q die nichtbedingte W. von B und mit $p^{(B)}$ bzw. $q^{(A)}$ die bedingten Wn. bezeichnet werden,

(5) $$w_{a|b} = p \cdot q^{(A)} = q \cdot p^{(B)}.$$

Satz: Die W. des Zusammentreffens von zwei **nicht unabhängigen** Ereignissen ist dem Produkte der W. des einen mit der bedingten W. des andern gleich.

Beisp.: Die W. (r. H.), daß auf einen zu warmen Tag im Januar wieder ein zu warmer Tag folgt, ist nach den Beobachtungen der Jahre 1848—1907 in Berlin $p^{(w)} = 0.874$, die W. eines zu kalten Tages nach einem zu kalten $q^{(k)} = 0.830$. Da nach Kapitel 3 die nichtbedingte W. eines zu warmen Tages $p = 0.575$ die eines zu kalten $q = 0.425$ ist, so ist die W., daß von 2 beliebig herausgegriffenen, aufeinander folgenden Tagen beide zu warm sind, $W_{w|w} = p \cdot p^{(w)} = 0.575 \cdot 0.874 = 0.503$, die W., daß beide zu kalt sind, $W_{k|k} = q \cdot q^{(k)} = 0.425 \cdot 0.830 = 0.353$. Würde die Temperatur eines Tages von der des vorausgehenden **unabhängig** sein, so wäre nach (4) $W_{w|w} = 0.58 \cdot 0.58 = 0.3364$, $W_{k|k} = 0.42 \cdot 0.42 = 0.1764$, also wesentlich kleiner.

7. DAS VERTEILUNGSGESETZ

Wenn irgendeine Größe — z. B. ein Gewicht, eine Länge, eine Anzahl bestimmter Gegenstände, — **verschiedene** Werte annehmen kann, so heißt man diese Größe eine **Veränderliche** oder **Variable**. Im Gegensatz dazu bezeichnet man alle diejenigen Größen und Zahlen, für die nur ein einziger Wert in Frage kommt, als **Konstante**. Das Gewicht eines Menschen ist z. B. eine Veränderliche, da es sich mit dem Alter desselben, ja genau genommen sogar von Stunde zu Stunde ändert. Die das Verhältnis des Kreisumfanges zum Durchmesser darstellende Zahl $\pi \approx 3.141593$ dagegen ist eine Konstante.

Eine Veränderliche, welche ihre verschiedenen Werte mit bestimmten Wahrscheinlichkeiten annimmt, nennt man eine **zufällige Veränderliche**. Mit dem Wort „zufällig" soll natürlich auch hier wiederum nicht etwa die Kausalität des Geschehens in Abrede gestellt werden, sondern nur zum Ausdruck gebracht werden, daß die verschiedenen Werte der Variablen eben mit bestimmten Wn. verknüpft sind. Die Menge der Werte, welche eine zufällige Veränderliche annehmen kann, heißt das **Wertgebiet** oder der **Wertbereich** der zufälligen Variablen. Die Gesamtheit ihrer möglichen Werte **und der ihnen zukommenden Wn.** nennt man das **Verteilungsgesetz der zufälligen Variablen**. Das Vorhandensein des Verteilungsgesetzes ist also das Kennzeichen, durch welche die zufällige Veränderliche aus dem allgemeinen mathematischen Begriff der variablen Größe, dem sie sich unterordnet, herausgehoben wird.

Ist eine zufällige Veränderliche ein ordnendes Merkmal einer Menge von gleichartigen Objekten, so bezeichnet man diese Menge als einen **Kollektivgegenstand**. Die einzelnen Objekte sind die **Glieder** der Kollektivreihe. Z. B. bilden die Personen männlichen Geschlechts und zwischen bestimmten Altersgrenzen einen Kollektivgegenstand. Ordnendes Merkmal (Argument) können sein: Körperlänge, Brustumfang, Kopflänge usw. Glieder der Kollektivreihe sind die einzelnen Individuen. Ebenso sind die Temperaturverhältnisse an einem Ort ein Kollektivgegenstand, ordnendes Merkmal können sein: das Tagesmittel der Temperatur oder das Temperaturmaximum jeden Tages usw.

Das Ordnen eines Kollektivgegenstandes geschieht in der Weise, daß man jedem möglichen Einzelwert X_i des ordnenden Merkmals oder — wenn dieses wie in den erwähnten Beispielen eine stetige Veränderliche ist — jedem Wertintervall X_i die Zahl z_i der ihm angehörenden Glieder zuordnet. Man erhält auf solche Weise eine **Verteilungstafel**, die eine um so bessere Beschreibung des Verteilungsgesetzes der ordnenden zufälligen Veränderlichen bildet, je größer die Anzahl der Glieder der Kollektivreihe ist. Die nachfolgende Verteilungstafel von Brustumfängen von 5740 schottischen Soldaten, die von A. QUETELET[1]) angegeben wurde, diene als Beispiel. Da es sich hier um eine stetige Veränderliche handelt, geben die X_i die Intervall**mitten** an; $X_3 = 35$ sind also alle Fälle zugerechnet, in denen der Brustumfang zwischen 34.5 und 35.5 engl. Zoll betrug.

i	X_i engl. Zoll	z_i	i	X_i engl. Zoll	z_i
1	33	3	9	41	934
2	34	18	10	42	658
3	35	81	11	43	370
4	36	185	12	44	92
5	37	420	13	45	50
6	38	749	14	46	21
7	39	1075	15	47	4
8	40	1079	16	48	1

8. MATHEMATISCHE ERWARTUNG UND STREUUNG

Wenn wir von einer zufälligen Veränderlichen die Gesamtheit ihrer möglichen Werte **und** die ihnen zukommenden Wn. kennen, so ist unser Wissen über die zufällige

---
1) Nach A. QUETELET, Lettres sur la théorie des probabilités etc. Bruxelles 1846.

I. Grundlagen der Korrelationsrechnung

Veränderliche vollständig. In den meisten praktisch vorkommenden Fällen ist dieses Wissen jedoch zu unübersichtlich, um zu Forschungs- und Lehrzwecken verwendet werden zu können. Es ist daher erforderlich, durch Aufstellung geeigneter **Maßzahlen**, in denen die wesentlichen Züge des Verteilungsgesetzes zusammengefaßt werden, die Verteilungsgesetze vergleichbar zu machen. Von diesen zusammenfassenden Maßzahlen, sind für die Grundlegung der K.-R. die mathematische Erwartung und die Streuung von besonderer Wichtigkeit.

Definition: Unter der **mathematischen Erwartung** versteht man die Summe der Produkte der möglichen Werte einer zufälligen Veränderlichen mit den zugehörigen Wn.

Drücken wir die math. Erw. der Veränderlichen X durch $\mathsf{E}(X)$ aus und sind $X_1, X_2, \ldots, X_n$ die möglichen Werte von X, $p_1, p_2, \ldots, p_n$ die zugehörigen Wn., so ist also

(6) $\mathsf{E}(X) = p_1 X_1 + p_2 X_2 + p_3 X_3 + \cdots + p_k X_k = \sum_{i=1}^{k} p_i X_i.$

Beisp.: Ist X die mit 2 Würfeln zu werfende Augensumme, so sind, wenn die Würfel derart genau gearbeitet sind, daß bei jedem Würfel jede Zahl mit gleichgroßer W. erscheint, folgende 36 gleichwahrscheinliche Würfe möglich:

1+6= 7	1+5= 6	1+4= 5	1+3=4	1+2=3	1+1=2
2+6= 8	2+5= 7	2+4= 6	2+3=5	2+2=4	2+1=3
3+6= 9	3+5= 8	3+4= 7	3+3=6	3+2=5	3+1=4
4+6=10	4+5= 9	4+4= 8	4+3=7	4+2=6	4+1=5
5+6=11	5+5=10	5+4= 9	5+3=8	5+2=7	5+1=6
6+6=12	6+5=11	6+4=10	6+3=9	6+2=8	6+1=7

Daraus ergeben sich folgende Wn. für die Augensumme X:

für $X=2$: $\frac{1}{36}$ \quad\quad für $X=8$: $\frac{5}{36}$

„ $X=3$: $\frac{2}{36} = \frac{1}{18}$ \quad\quad „ $X=9$: $\frac{4}{36} = \frac{1}{9}$

„ $X=4$: $\frac{3}{36} = \frac{1}{12}$ \quad\quad „ $X=10$: $\frac{3}{36} = \frac{1}{12}$

„ $X=5$: $\frac{4}{36} = \frac{1}{9}$ \quad\quad „ $X=11$: $\frac{2}{36} = \frac{1}{18}$

„ $X=6$: $\frac{5}{36}$ \quad\quad „ $X=12$: $\frac{1}{36}$.

„ $X=7$: $\frac{6}{36} = \frac{1}{6}$

Mathematische Erwartung und Streuung

Die mathematische Erwartung der mit zwei Würfeln zu werfenden Augensumme ist demnach

$$E(X) = \frac{1}{36} \cdot 2 + \frac{2}{36} \cdot 3 + \frac{3}{36} \cdot 4 + \frac{4}{36} \cdot 5 + \frac{5}{36} \cdot 6 + \frac{6}{36} \cdot 7 +$$
$$+ \frac{5}{36} \cdot 8 + \frac{4}{36} \cdot 9 + \frac{3}{36} \cdot 10 + \frac{2}{36} \cdot 11 + \frac{1}{36} \cdot 12 = 7.0.$$

Das gleiche Ergebnis würde man erhalten, wenn man einfach die 36 Augensummen sämtlicher gleichmöglichen Kombinationen addiert und durch 36 teilt. Die math. Erw. ist also eine Maßzahl für den **Durchschnittswert** einer zufälligen Veränderlichen. Bei einer **endlichen** Anzahl von Beobachtungen ist sie gleichbedeutend mit dem arithmetischen Mittel der Veränderlichen. Im Sinne der Häufigkeitsdefinition der W. kann man daher die math. Erw. auch als **den Grenzwert, dem das arithmetische Mittel der Beobachtungswerte der Veränderlichen bei ihrer unbegrenzten Vermehrung zustrebt**, bezeichnen.

Definition: Unter der **Streuung** einer zufälligen Veränderlichen X versteht man die Größe

(7) $$\sigma = \sqrt{\sum_{i=1}^{k} p_i (X_i - E(X))^2},$$

wobei die p_i und X_i dieselbe Bedeutung haben wie vorhin und $E(X)$ die mathematische Erwartung von X ist. Die Streuung ist ein Maß für die **Ausbreitung**, den Wertbereich einer zufälligen Veränderlichen.

Denkt man sich im Falle einer endlichen Zahl N von Verwirklichungen der Größe X alle N Werte fortlaufend numeriert (wobei gleiche Werte sich öfters wiederholen können, aber doch jedesmal eine andere Nummer haben), und bezeichnet man mit X_n den $n$ten Wert, mit $x_n = X_n - E(X)$ dessen **Abweichung** vom arithmetischen Mittel der Veränderlichen X, so geht Formel (7) über in

(8) $$\sigma = \sqrt{\frac{\sum_{n=1}^{n=N} x_n^2}{N}} \quad \text{oder kurz} \quad \sqrt{\frac{\sum x^2}{N}}.$$

Die Maßzahl σ wird vielfach auch als **mittlerer Fehler** (m. F.) bezeichnet; die englischen Statistiker nennen sie standard deviation.

Beisp.: Ist wiederum X die mit 2 Würfeln zu werfende Augensumme, so erhält man als Streuung derselben, da $E(X) = 7$, gemäß der Aufstellung auf S. 12 nach (7)

$$\sigma = \Big\{ \frac{1}{36} \cdot (2-7)^2 + \frac{1}{18}(3-7)^2 + \frac{1}{12}(4-7)^2 + \frac{1}{9}(5-7)^2 +$$
$$+ \frac{5}{36}(6-7)^2 + \frac{1}{6}(7-7)^2 + \frac{5}{36}(8-7)^2 + \frac{1}{9}(9-7)^2 +$$
$$+ \frac{1}{12}(10-7)^2 + \frac{1}{18}(11-7)^2 + \frac{1}{36}(12-7)^2 \Big\}^{\frac{1}{2}} = \sqrt{\frac{210}{36}} = 2.415.$$

II. GRUNDBEGRIFFE DER KORRELATIONS-RECHNUNG

9. DER FUNKTIONSBEGRIFF UND DIE BILDLICHE DARSTELLUNG VON FUNKTIONEN

Ist die Größe einer Veränderlichen y von der Größe einer anderen veränderlichen Zahl x in der Weise abhängig, daß jedem Wert von x ein bestimmter Wert von y zugeordnet ist, so sagt man, y sei eine **Funktion** der Veränderlichen x. Die Oberfläche und der Inhalt einer Kugel sind z. B. Funktionen ihres Radius, die Endgeschwindigkeit eines fallenden Körpers ist eine Funktion der Fallhöhe. Im Gegensatz zu der Funktion y heißt die Veränderliche x, deren Wert willkürlich — wenn auch zuweilen unter gewissen Einschränkungen — gewählt werden kann, die **unabhängige Veränderliche**.[1]

In den meisten praktisch vorkommenden Fällen wird die zur Erklärung einer Funktion einer Veränderlichen x dienende Rechenvorschrift durch einen mathematischen Ausdruck gegeben, der mit Hilfe der in der Mathematik gebräuchlichen Operationszeichen aus der Veränderlichen x und konstanten Zahlen zusammengesetzt ist. So sind z. B. die Ausdrücke

$$x^2; \quad \frac{2+8x-7x^2}{9+x^3}; \quad 4^x; \quad \sin 3x$$

Funktionen von x.

---

[1] Vgl. auch Math.-phys. Bibl. Bd. 48: Funktionen, Schaubilder, Funktionstafeln von A. WITTING.

Der Funktionsbegriff und die bildl. Darstellung von Funktionen 15

Ist eine Funktion einer Veränderlichen durch einen mathematischen Ausdruck gegeben, so läßt sich durch den von René Descartes erdachten Koordinatenbegriff, der den Grundgedanken der analytischen Geometrie bildet, auch eine bildliche Darstellung der Funktion geben. Wir denken uns zu diesem Zwecke in einer Ebene (der Zeichenebene) zwei gerade unbegrenzte Linien, die aufeinander senkrecht stehen, gezogen (Abb. 1). Die eine nennen wir die X-Achse, die andere die Y-Achse, ihren Schnittpunkt O den „Ursprung" des Koordinatensystems. Dann kann man nach Annahme einer bestimmten Strecke als Längeneinheit jedem Punkte P der Ebene zwei (in bestimmter Reihenfolge stehende) Zahlen oder, wie man auch sagt, ein Zahlenpaar zuordnen, indem man sich von dem Punkte P sowohl auf die X-Achse als auch auf die Y-Achse ein Lot gefällt denkt. Den Abstand des Fußpunktes P_x des auf die X-Achse gefällten Lotes von O nennt man die Abszisse, die Strecke $P_y O$ die Ordinate des Punktes P.

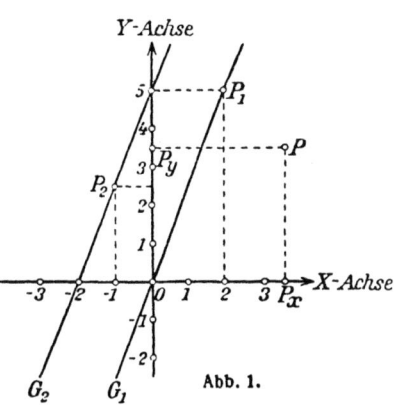

Abb. 1.

Beide zusammen bilden die Koordinaten des Punktes. Umgekehrt entspricht auch jedem Zahlenpaar auf Grund der angegebenen Konstruktion ein bestimmter Punkt. Um z. B. den Punkt P_1 in Abb. 1 zu zeichnen, der dem Zahlenpaar 2 und 5 entspricht, haben wir auf der X-Achse von O aus nach rechts (in der positiven Richtung) eine Strecke gleich 2 Einheiten und von O aus nach oben eine Strecke gleich 5 Einheiten abzutragen und durch die Endpunkte dieser Strecken Parallele zu den Achsen zu ziehen; der Schnittpunkt dieser Parallelen ist P_1.

Hat man nun z. B. die Gleichung

(9) $$y = \frac{5}{2} x,$$

so kann man nach Festlegung eines Koordinatensystems jedem Paar zusammengehörender Werte der unabhängigen Ver-

16   II. Grundbegriffe der Korrelationsrechnung

änderlichen x und der Funktion y denjenigen Punkt in der Ebene des Koordinationssystems zuweisen, dessen Abszisse mit x und dessen Ordinate mit dem zugehörigen Funktionswert y übereinstimmt. Die Gesamtheit aller Punkte, welche sich in dieser Weise ergeben, heißt das **geometrische Bild der Funktion** in dem betrachteten Koordinationssystem. Setzt man x nacheinander gleich

$$-2 \quad -1 \quad 0 \quad 1 \quad 2 \quad 3 \quad 4 \quad 5,$$

so erhält man durch Einsetzen dieser Werte in Gleichung (9) die dazu gehörigen Werte von y

$$-5 \quad -\frac{5}{2} \quad 0 \quad \frac{5}{2} \quad 5 \quad \frac{15}{2} \quad 10 \quad \frac{25}{2}.$$

Man überzeugt sich leicht, daß alle diese Punkte auf der **Geraden** G_1 der Abb. 1 liegen.

Ebenso ist auch das geometrische Bild der durch die Gleichung

$$y = 5 + \frac{5}{2}x$$

dargestellten Funktion in einem rechtwinkligen Koordinatensystem eine Gerade, nämlich diejenige Gerade G_2 (Abb. 1), welche aus der Geraden G_1 durch eine Parallelverschiebung um 5 Längeneinheiten in der positiven Richtung der Y-Achse hervorgeht. Der Punkt P_2 auf dieser Geraden entspricht dem zusammengehörenden Zahlenpaar

$$x = -1 \quad \text{und} \quad y = 5 + \frac{5}{2} \cdot (-1) = 2\frac{1}{2}.$$

Es läßt sich allgemein nachweisen, daß jede Funktion von der Form
(10) $$y = a_0 + a_1 x$$
in einem rechtwinkligen Koordinatensystem durch eine Gerade dargestellt wird. Man nennt daher solche Funktionen auch **lineare**. a_0 ist die Ordinate des Punktes, in welchem die Gerade die Y-Achse schneidet, während a_1, der **Richtungskoeffizient**, gleich der trigonometrischen Tangente des Winkels ist, den die Gerade mit der positiven Richtung der X-Achse bildet.

Ebenso läßt sich zeigen, daß jede Funktion
(11) $$y = a_0 + a_1 x + a_2 x^2$$

in dem angenommenen Koordinatensystem eine gekrümmte Linie von ganz bestimmten Eigenschaften, nämlich eine Parabel, darstellt. Hat eine Funktion die Form

(12) $\quad y = a_0 + a_1 x + a_2 x^2 + \cdots + a_n x^n,$

worin n eine ganze positive Zahl und $a_0, a_1, \ldots, a_n$ wieder Konstante bedeuten, von denen a_n von Null verschieden ist, so spricht man von einer Parabel $n$ten Grades.

10. FUNKTIONELLER ZUSAMMENHANG UND STOCHASTISCHE VERBUNDENHEIT

Wie einige der Beispiele am Anfang des vorigen Kapitels zeigten, gibt es auch in der Natur Funktionen. Ja man kann überhaupt sagen: Naturgesetze suchen heißt soviel wie Funktionen ausfindig machen, welche Zustände und Vorgänge in der Natur miteinander verknüpfen. Dem Begriff der Funktion entsprechend sind solche Zusammenhänge immer unzerreißbar: ist A Ursache von A', so folgt die Wirkung A' immer und überall auf die Ursache A, und nie kann A' stattfinden, ohne daß A vorher dagewesen wäre. Diese Unzerreißbarkeit des Zusammenhanges besteht auch dann, wenn — wie z. B. beim KIRCHHOFFschen Strahlungsgesetz — zwei funktionell verbundene Vorgänge oder Zustände nicht in der Beziehung von „Ursache" und „Wirkung" im Sinne der Alltagsvorstellung zueinander stehen.

Es gibt aber sowohl in der Natur wie in den Zuständen und Zustandsänderungen in der menschlichen Gesellschaft eine sogar sehr große Zahl von Zusammenhängen, die nicht funktioneller Art sind, bei denen es sich aber dennoch um tatsächliche Zusammenhänge handelt. Derartige nicht-unzerreißbare Zusammenhänge treten dort auf, wo es sich um außerordentlich verwickelte Vorgänge, also um zufällige Veränderliche handelt. Nehmen wir z. B. an, daß irgendeine verwickelte Erscheinung X als eine begriffliche Einheit der Größen A, B, C, D und E aufgefaßt werden kann und eine andere Erscheinung Y als Verbindung der Größen A', B', C', D' und E'. Besteht nun zwischen A und A', B und B', C und C', D und D', E und E' ein unzerreißbarer Zusammenhang, so sind auch X und Y funktionell miteinander verbunden. Ist A' die Wirkung von A, B' die Wirkung von B usw.,

II. Grundbegriffe der Korrelationsrechnung

so ist Y stets und überall die Wirkung von X. Wenn aber Y die Größen A', B', C' und F' zu einer begrifflichen Einheit zusammenfaßt, dann besteht zwischen X und Y wegen der Verknüpfung von A' mit A, B' mit B und C' mit C immer noch ein Zusammenhang, dieser ist aber kein unzerreißbarer mehr, es werden auf X auch andere Wirkungen als Y folgen, und es werden der Wirkung Y auch andere Ursachen vorausgehen als X. In der Theorie ist es häufig möglich, durch vereinfachende Annahmen diejenigen Größen herauszugreifen, die in funktionellem Zusammenhang miteinander stehen. Infolge der starken Vereinfachungen stellen dann aber die Ergebnisse keine in der Natur und im Leben verwirklichten Vorgänge dar. Der praktische Forscher dagegen, der sich an den tatsächlichen Beobachtungsstoff hält, stößt bei seiner Arbeit dauernd auf Erscheinungen, die zwar unzerreißbar verbundene Bestandteile enthalten, aber nicht ausschließlich aus solchen bestehen. Gerade mit diesen Erscheinungen befaßt sich die Korrelationsrechnung. Sie hat es nicht mit funktionellen, sondern mit stochastischen (= wahrscheinlichkeitstheoretischen) Zusammenhängen zu tun, die von ersteren scharf zu unterscheiden sind. Im Falle des funktionellen Zusammenhanges der Veränderlichen Y mit der Veränderlichen X bleibt nach Festlegung des Wertes von X bei der Bestimmung des Wertes von Y kein Spielraum für den Zufall mehr übrig. Ist $Y = X + X^2$, so ist, wenn $X = 5$ gesetzt wird, $Y = 30$, und es besteht keine andere Möglichkeit. Im Falle der stochastischen Verbundenheit von Y mit X erscheint jedoch Y auch nach dem Festlegen des Wertes von X als eine zufällige Veränderliche, die also verschiedene Werte mit bestimmten Wn. annehmen kann.

Beisp.: Mit X sei die mit einem weißen Würfel geworfene Zahl, mit Y die Summe der mit diesem weißen und einem schwarzen Würfel geworfenen Zahlen bezeichnet. Dann ist Y mit X stochastisch verbunden; denn einerseits ist Y von X nicht völlig unabhängig, z. B. kann Y nicht größer als 9 sein, wenn $X = 3$, andererseits kann aber Y bei jedem gegebenen Werte von X mit bestimmten (in diesem Falle gleichen) Wn. sechs verschiedene Werte annehmen, je nach der Zahl, die mit dem schwarzen Würfel geworfen wird, z. B. wenn $X = 2$, die Werte 3, 4, **5, 6,** 7 und 8.

11. DIE STRAMMHEIT DES ZUSAMMENHANGES

Wenn ein Zusammenhang nicht unzerreißbar ist, so ist er eben „mehr oder weniger" stramm. Die Untersuchung nicht-unzerreißbarer Zusammenhänge führt also sofort zu der ersten wichtigen Frage: „Wie stramm ist in einem gegebenen Falle der Zusammenhang?" Offenbar ist der Zusammenhang z. B. zwischen der Länge des linken und der Länge des rechten Mittelfingers desselben Menschen größer, „strammer", als zwischen der Länge der rechten Mittelfinger von zwei Brüdern. Um die Strammheit der stochastischen Verbundenheit beurteilen und Vergleiche anstellen zu können, ist es nötig, sie messen zu können. Die erste Aufgabe der Korrelationsrechnung ist es daher, Maßzahlen für die Strammheit stochastischer Zusammenhänge aufzustellen.

12. DAS STOCHASTISCHE ABHÄNGIGKEITSGESETZ

Mit der Angabe der Strammheit der stochastischen Verbundenheit durch eine Zahl ist aber das Bedürfnis der Forschung noch nicht vollkommen befriedigt. Wir haben ja im Falle der funktionellen Zusammenhänge, in denen die Strammheit eine vollkommene ist, gesehen, daß es sehr vielerlei Arten gibt, in denen eine Veränderliche von einer anderen abhängig sein kann. Auch im Falle des nicht-unzerreißbaren Zusammenhanges interessiert uns daher die Frage, welcher Art die stochastische Verbundenheit ist.

Wir haben (vgl. Kapitel 7) im Falle einer zufälligen Veränderlichen das Verteilungsgesetz derselben als die Gesamtheit ihrer möglichen Werte und der ihnen zukommenden Wn. definiert. In ähnlicher Weise können wir uns einen Begriff von der Art des Zusammenhanges zwischen zwei stochastisch verbundenen Veränderlichen bilden. Das Wesen der stochastischen Verbundenheit besteht ja darin, daß die möglichen Werte der einen Veränderlichen in Verbindung mit verschiedenen möglichen Werten der anderen auftreten und daß jeder solchen Kombination eine bestimmte Häufigkeit, eine bestimmte W. zukommt. Man kann demnach die Gesamtheit der verschiedenen Kombinationen der möglichen Werte stochastisch verbundener Veränder-

20　II. Grundbegriffe der Korrelationsrechnung

lichen und der diesen Kombinationen zukommenden Wn. als das **Abhängigkeitsgesetz der zufälligen Veränderlichen** bezeichnen.

Dieses Abhängigkeitsgesetz ist natürlich im praktischen Falle noch unübersichtlicher als das Verteilungsgesetz einer einzelnen zufälligen Veränderlichen. Wie dieses durch bestimmte Maßzahlen gekennzeichnet wird, so ist es erforderlich, auch für das Abhängigkeitsgesetz kennzeichnende Größen aufzustellen. **Die Bestimmung des Abhängigkeitsgesetzes stochastisch verbundener Veränderlichen und seine Kennzeichnung durch geeignete Hilfsgrößen ist daher die zweite Aufgabe** der Korrelationsrechnung.

13. KORRELATIONSTABELLEN

Wie man zur Darstellung des Verteilungsgesetzes einer zufälligen Veränderlichen eine Verteilungstafel aufstellt, so lassen sich die Häufigkeiten, mit welchen verschiedene Kombinationen der möglichen Werte **zweier** auf ihren Zusammenhang zu untersuchender zufälliger Veränderlichen innerhalb des Beobachtungsfeldes des Forschers vorkommen, in einer **Korrelationstabelle** zusammenstellen. In einer solchen tritt an die Stelle der (in der Verteilungstafel) reihenförmigen Anordnung der Merkmalwerte mit ihren Häufigkeiten eine flächenhafte Anordnung der Wertverbindungen von Y und X und ihrer Häufigkeiten. Die Aufstellung einer K.-Tabelle ist nicht für alle Aufgaben der K.-R. erforderlich, bringt aber in vielen Fällen eine Vereinfachung und Erleichterung der auszuführenden Rechnungen mit sich.

Die **Art der Ausfüllung einer Korrelationstabelle** ist aus den beiden folgenden Beispielen ersichtlich. Das 1. **Beispiel** (K.-Tabelle I) behandelt den Zusammenhang zweier **unstetiger** Veränderlichen; beide Merkmale (Y und X) nehmen nur bestimmte ganzzahlige Werte an, die durch Zählung festgestellt werden. Entsprechend dem Wertbereich der beiden Veränderlichen (Y: 5 bis 9, X: 1 bis 3) wird zunächst ein Netz von zwei Scharen rechtwinklig sich schneidender Parallelen entworfen und beziffert. Dann nimmt man ein Paar einander zugeordneter Werte von X und Y (oder, wenn es sich wie in Beispiel I um zwei Merkmale eines Kollektivgegenstandes handelt, ein Glied des Kollektivs) nach dem andern vor und macht nach Feststellung der zugehörigen Werte Y_j und X_i ein Zeichen in das entsprechende Feld. Nach Erschöpfung aller verfügbaren Paare (Glieder) werden die Zeichen jedes Feldes zusammengezählt und durch eine Zahl ($z_{i|j}$) ersetzt. Die weitere Bearbeitung der K.-Tabelle geschieht dann in der Weise, daß die Zahlen in den Feldern jeder Zeile (horizontalen Reihe) und jeder Kolonne (vertikalen Reihe) zusammengezählt werden. Die Zeilensummen bezeichnen wir mit u_j, die Kolonnensummen mit n_i. Die n_i geben demnach die Häufigkeitsverteilung des Merkmals X, die u_j diejenige des Merkmals Y an. Z. B. ersehen wir aus K.-Tabelle I, daß unter den 321 untersuchten Exemplaren von Trientalis europaea die vorherrschende Zahl der Blumenblätter 6 und die r. H. dieser Blumenblätterzahl $\frac{155}{321} = 0.483$ war. Das im Schnittpunkt der Zeile n_i und der Kolonne u_j liegende Feld enthält die Anzahl

$$N = \sum_i n_i = \sum_j u_j$$

aller im Beobachtungsfeld vorkommenden Paare.

Korrelationstabelle I:
Korrel. zwischen der Zahl der Blütenstengel und der Zahl der Blumenblätter bei Trientalis europaea.[1]

		Zahl der Blütenstengel: X			u_j	$m_{1|0}^{(j)}$
		1	2	3		
Zahl der Blumenblätter: Y	5	119	6	.	125	1.0
	6	103	51	1	155	1.3
	7	10	16	2	28	1.7
	8	1	5	5	11	2.4
	9	.	.	2	2	3.0
n_i		233	78	10	321 = N	
$m_{0|1}^{(i)}$		5.5	6.3	7.8		

---

1) Nach C. V. L. CHARLIER, Arkiv för Botanik Bd. XII. 1913.

II. Grundbegriffe der Korrelationsrechnung

Korrelationstabelle II: Korrel. zwischen dem Novembermittel des Luftdruckgefälles Ponta Delgada—Island und der gleichzeitigen Temperaturdifferenz Tromsö—Westgrönland.

Abw. der Temperaturdifferenz Tromsö—Westgrönland in °C.: $Y_i - m_{011}$	Abw. des Luftdruckgefälles Ponta Delgada—Island in mm Hg: $X_i - m_{110}$																	u_j	$m_{110}^{(i)} - m_{110}$
	+16	+14	+12	+10	+8	+6	+4	+2	0	−2	−4	−6	−8	−10	−12	−14	−16	−18		
+8°	.	.	.	.	.	.	.	.	.	.	.	.	.	.	.	.	.	.	1	+2.0
+7°	.	.	.	.	.	.	.	1	.	.	.	.	.	.	.	.	.	.	0	—
+6°	1	.	.	.	.	1	.	.	.	.	.	.	.	.	.	.	.	.	3	+10.0
+5°	.	.	.	.	1	1	.	.	.	.	.	.	.	.	.	.	.	.	1	+6.0
+4°	.	.	.	.	.	1	2	.	.	.	.	.	.	.	.	.	.	.	3	+4.67
+3°	.	.	.	2	.	2	.	1	2	.	.	1	.	.	.	.	.	.	5	+5.20
+2°	.	.	.	1	.	.	.	1	1	.	1	1	.	.	.	.	.	.	5	+1.60
+1°	.	.	.	.	1	1	1	2	1.5	0.5	2	.	.	.	.	.	.	.	6	−0.33
0	.	.	.	.	1	.	1	.	0.5	1.5	.	.	.	.	.	.	.	.	4.5	+3.56
−1°	.	.	.	.	1	.	1	.	.	.	.	.	.	.	.	.	.	.	4	+1.75
−2°	.	.	.	.	.	.	1	.	.	.	.	.	1	.	.	.	.	.	4.5	+0.22
−3°	.	.	.	.	.	.	.	.	.	2	.	.	.	.	.	.	0.5	.	2.5	−4.80
−4°	.	.	.	.	.	.	.	.	.	.	0.5	.	.	1	0.5	.	0.5	1	4	−12.75
−5°	.	.	.	.	.	.	.	1	.	.	0.5	1	.	1	.	.	.	.	3.5	−4.57
−6°	.	.	.	.	.	.	.	.	.	.	.	.	1	.	.	.	.	.	1	−12.0
−7°	.	.	.	.	.	.	.	.	.	.	.	.	.	.	.	.	.	.	1	−8.0
−8°	.	.	.	.	.	.	.	.	.	.	.	.	.	.	.	.	.	.	0	—
−9°	.	.	.	.	.	.	.	.	.	.	.	1	.	.	.	.	.	.	1	−14.0
n_i	1	0	0	4	3	6	4	7	5	4	4	3	2	2	1.5	1.5	1	1	50 = N	
$m_{011}^{(i)} - m_{011}$	+6.0	—	—	+2.25	+1.33	+3.50	+1.25	+0.57	+0.90	−2.38	−0.12	−0.33	−4.50	−4.50	−5.33	−7.33	−3.50	−4.00		

Korrelationstabellen

Im 2. Beispiel (Korrelationstabelle II), das der Meteorologie entnommen ist[1]), handelt es sich um den Zusammenhang zweier stetiger Veränderlichen, und zwar sind sowohl die Zeilen wie die Kolonnen nicht nach den wirklichen Merkmalwerten, sondern nach der Größe der Abweichungen derselben vom Mittelwert beziffert. Es ist für die Aufstellung der K.-Tabelle ohne Belang, ob die zusammengehörenden Wertepaare aus Merkmalwerten selbst oder aus deren Abweichungen vom Mittelwert bestehen, dagegen ist dies natürlich bei der weiteren rechnerischen Bearbeitung zu berücksichtigen. Bei stetigen Merkmalen geschieht die Bezifferung der Reihen der K.-Tabelle ebenso wie bei der Aufstellung von Verteilungstafeln für stetige Kollektive (vgl. Seite 11): man teilt den ganzen Wertbereich der zufälligen Veränderlichen in eine Anzahl gleichgroßer Intervalle („Klassenintervalle") und bezeichnet jedes Intervall mit dem Wert der Intervallmitte. Die Wahl der Größe des Klassenintervalls richtet sich nach der Zahl (N) der verfügbaren Wertepaare, dem Wertbereich und der Maßeinheit des Merkmals. Wenn bei einem Wertepaar der eine — stetig veränderliche — Merkmalwert mit einer Intervallgrenze (Klassengrenze) zusammenfällt, wird in der K.-Tabelle das Wertepaar je zur Hälfte den beiden an der Grenze zusammenstoßenden Feldern zugezählt. Fallen beide Merkmalwerte (oder Abweichungen) auf eine Klassengrenze, so wird jedem der beteiligten vier Felder ein Viertel des Wertepaares zugerechnet. Auf diese Weise können in den Feldern einer K.-Tabelle auch Häufigkeitszahlen mit den Dezimalen .25, .5, .75 vorkommen.

Die K.-Tabelle II ist aus den nachfolgenden 50 zeitlich geordneten Wertepaaren entstanden; x_n gibt die Abweichung des Novembermittels der Luftdruckdifferenz Ponta Delgada — Island und y_n die Abweichung des Novembermittels (des jeweils gleichen Jahres) der Temperaturdifferenz Tromsö — Westgrönland vom 50jährigen Mittel 1874—1923 an:

Der Leser stelle sich zur Übung aus diesen 50 Wertepaaren nach der gegebenen Anleitung die K.-Tabelle II selbst auf. Bezüglich der Bedeutung von $m_{0|1}^{(i)}$ und $m_{1|0}^{(j)}$ siehe Kapitel 15.

---

[1] Vgl. F. BAUR Annal. d. Hydrogr. u. maritim. Meteorol. 1926 S. 227—232.

Jahr	x_n	y_n	Jahr	x_n	y_n	Jahr	x_n	y_n
1874	− 1.1	− 1.5	1891	+ 0.4	+ 1.4	1908	− 1.9	− 2.7
1875	− 13.0	− 4.1	1892	+ 1.8	+ 1.9	1909	− 6.7	− 5.4
1876	− 17.2	− 4.2	1893	− 9.9	− 4.7	1910	− 8.9	− 2.0
1877	+ 10.5	+ 2.7	1894	+ 9.9	+ 3.2	1911	+ 2.5	− 1.1
1878	− 14.1	− 8.9	1895	− 0.7	+ 2.3	1912	+ 3.6	− 1.4
1879	− 16.2	− 3.5	1896	− 4.3	+ 0.6	1913	+ 16.4	+ 6.4
1880	+ 3.4	− 1.8	1897	− 3.9	+ 1.3	1914	+ 1.5	+ 0.9
1881	+ 7.9	− 1.9	1898	+ 4.3	+ 4.2	1915	− 11.8	− 6.1
1882	+ 6.2	+ 0.2	1899	+ 3.2	+ 4.0	1916	− 0.5	+ 0.2
1883	+ 9.2	+ 0.9	1900	+ 6.8	+ 2.8	1917	+ 6.9	+ 3.4
1884	− 5.6	+ 3.3	1901	− 10.5	− 3.7	1918	+ 2.5	+ 7.8
1885	− 4.0	+ 1.9	1902	+ 0.5	− 0.5	1919	− 7.4	− 6.6
1886	+ 6.3	+ 3.7	1903	+ 2.9	+ 0.1	1920	+ 8.2	+ 5.6
1887	− 5.3	+ 0.8	1904	− 1.9	− 2.7	1921	− 4.6	− 4.5
1888	+ 8.4	+ 0.2	1905	+ 2.8	− 5.4	1922	− 1.6	− 1.9
1889	+ 6.0	+ 6.4	1906	− 0.2	+ 2.0	1923	+ 1.3	− 0.9
1890	+ 10.8	+ 1.8	1907	+ 6.9	+ 4.9			

III. DIE MASSZAHLEN DES STOCHASTISCHEN ABHÄNGIGKEITSGESETZES

14. DIE DREI GRUNDLEGENDEN PARAMETERSYSTEME

Um in allen, auch verwickelten Fällen Maßzahlen aufstellen zu können, die die Strammheit des Zusammenhanges und das stochastische Abhängigkeitsgesetz eindeutig kennzeichnen, und um die dazu einzuschlagenden Verfahren geordnet überblicken zu können, ist die Einführung gewisser Hilfsveränderlichen, sogen. Parameter, nötig. Der Leser darf sich durch die Fülle neuer Bezeichnungen nicht abschrecken lassen. Die kleine Belastung, die sie dem Gedächtnis bringen, lohnt sich dadurch, daß sich auf diesen Parametersystemen die ganze K.-R. übersichtlich aufbauen läßt.

X und Y seien, wie bisher, zwei zufällige, auf ihren Zusammenhang zu untersuchende Veränderliche. Die W., daß die Veränderliche X einen bestimmten ihrer k möglichen Werte — und zwar den Wert X_i — annimmt, bezeichnen wir mit p_i, die W., daß die Veränderliche Y einen bestimmten

Die drei grundlegenden Parametersysteme

ihrer l möglichen Werte — nämlich den Wert Y_j — annimmt, mit q_j, endlich die W., daß gleichzeitig X den Wert X_i und Y den Wert Y_j annimmt, mit $w_{i|j}$. Die p, q und w sind apriorische Wn., wenn der Gesamtumfang **aller** Verwirklichungsmöglichkeiten bekannt ist oder wenigstens gedacht wird, dagegen r. Hn., wenn es sich — wie praktisch meistens — um eine beschränkte Zahl von Versuchen, Beobachtungen oder statistischen Zählungen handelt. In diesem Falle ist

$$p_i = \frac{n_i}{N}, \quad q_j = \frac{u_j}{N}, \quad w_{i|j} = \frac{z_{i|j}}{N}.$$

Die mathematische Erwartung von X ist nach Formel (6)

$$\mathsf{E}(X) = \sum_{i=1}^{i=k} p_i X_i,$$

diejenige von Y ist $\quad \mathsf{E}(Y) = \sum_{j=1}^{i=l} q_j Y_j.$

In gleicher Weise läßt sich die math. Erw. der Produkte $X_i Y_j$ bilden. Es ist

(13) $\qquad \mathsf{E}(XY) = \sum_i \sum_j w_{i|j} X_i Y_j.$

Dabei bedeutet das doppelte Summenzeichen $\sum_i \sum_j$, daß alle Glieder $X_i Y_j$ addiert werden, wobei i von 1 bis k und j von 1 bis l fortschreitet. Die Gleichung (13) läßt sich noch verallgemeinern, indem die math. Erw. des Produktes von **Potenzen** von X und Y gebildet wird. Mit dieser Erweiterung gewinnen wir die Definition des ersten Systems von grundlegenden Parametern, die wir nach TSCHUPROW als m-Parameter bezeichnen wollen. Ihre Definition lautet

(14) $\qquad m_{f|g} = \mathsf{E}(X^f Y^g) = \sum_i \sum_j w_{i|j} X_i^f Y_j^g.$

Im besonderen ist nach dieser Definition

$$m_{1|0} = \mathsf{E}(X) = \sum_i p_i X_i$$

gleich der math. Erw. von X oder, wenn die p aus der Erfahrung gewonnene r. Hn. sind, gleich dem arithm. Mittel von X.

Ebenso ist $\qquad m_{0|1} = \mathsf{E}(Y) = \sum_j q_j Y_j.$

III. Die Maßzahlen des stochastischen Abhängigkeitsgesetzes

Beisp.: In dem Beispiel der K.-Tabelle I ist $X_1 = 1$, $X_2 = 2$ $X_3 = 3$, $Y_1 = 5 \ldots Y_5 = 9$, $k = 3$, $l = 5$; ferner ist

$$p_1 = \frac{233}{321}, \qquad p_2 = \frac{78}{321}, \qquad p_3 = \frac{10}{321}, \qquad q_1 = \frac{125}{321} \text{ usw.}$$

$$w_{1|1} = \frac{119}{321}, \quad w_{1|2} = \frac{103}{321}, \quad w_{1|3} = \frac{10}{321}, \quad w_{1|4} = \frac{1}{321},$$

$$w_{1|5} = 0, \qquad w_{2|1} = \frac{6}{321}, \qquad w_{2|2} = \frac{51}{321} \text{ usw.}$$

Es ist daher

$$m_{1|0} = \frac{1}{321}(233 \cdot 1 + 78 \cdot 2 + 10 \cdot 3) = 1.3;$$

$$m_{0|1} = \frac{1}{321}(125 \cdot 5 + 155 \cdot 6 + 28 \cdot 7 + 11 \cdot 8 + 2 \cdot 9) = 5.8;$$

$$m_{1|1} = \frac{1}{321}(119 \cdot 1 \cdot 5 + 103 \cdot 1 \cdot 6 + 10 \cdot 1 \cdot 7 + 1 \cdot 1 \cdot 8 +$$
$$+ 6 \cdot 2 \cdot 5 + 51 \cdot 2 \cdot 6 + 16 \cdot 2 \cdot 7 + 5 \cdot 2 \cdot 8 + 1 \cdot 3 \cdot 6 +$$
$$+ 2 \cdot 3 \cdot 7 + 5 \cdot 3 \cdot 8 + 2 \cdot 3 \cdot 9) = 7.8.$$

Auf die Werte $m_{1|0}$ und $m_{0|1}$ gründet sich die **Definition** der zweiten Gruppe von Parametern, der μ-**Parameter**:

(15)
$$\begin{cases} \mu_{f|g} = \mathsf{E}((X - m_{1|0})^f (Y - m_{0|1})^g) \\ \quad = \sum_i \sum_j w_{i|j}(X_i - m_{1|0})^f (Y_j - m_{0|1})^g. \end{cases}$$

Im besonderen ist nach Definition (15) und (7)

$$\mu_{2|0} = \mathsf{E}(X - m_{1|0})^2 = \sum_i p_i (X_i - m_{1|0})^2$$

gleich dem Quadrat der Streuung von X,

$$\mu_{0|2} = \mathsf{E}(Y - m_{0|1})^2 = \sum_j q_j (Y_j - m_{0|1})^2$$

gleich dem Quadrat der Streuung von Y.

Mit Hilfe der μ-Parameter werden die **r-Parameter** gebildet:

(16)
$$r_{f|g} = \frac{\mu_{f|g}}{\sqrt{(\mu_{2|0})^f (\mu_{0|2})^g}}.$$

Die r-Parameter werden von manchen Statistikern mit dem wenig schönen Namen „Produkt-Momentquotienten" bezeichnet. Sie eignen sich besonders als Maßzahlen, weil sie unbenannte Zahlen sind; denn die Benennungen des Zählers und des Nenners heben sich, wie man aus der definierenden Formel ersieht, gegenseitig auf. Besondere Bedeutung hat in der K.-R. der Parameter $r_{1|1}$ erlangt. Nach (15) und (16) ist

$$(17) \quad r_{1|1} = \frac{\mu_{1|1}}{\sqrt{(\mu_{2|0})(\mu_{0|2})}}$$

$$= \frac{\sum_i \sum_j w_{i|j}(X_i - m_{1|0})(Y_j - m_{0|1})}{\sqrt{\sum_i p_i(X_i - m_{1|0})^2} \sqrt{\sum_j q_j(Y_j - m_{0|1})^2}} = \frac{\mu_{1|1}}{\sigma_x \cdot \sigma_y},$$

wenn mit σ_x die Streuung von X, mit σ_y diejenige von Y bezeichnet wird.

Denkt man sich bei einem aus der Erfahrung gegebenen Zahlenstoff alle N Paare der zusammengehörigen Werte von X und Y als fortlaufend numeriert und werden mit X_n und Y_n die Werte des $n$ten Paares, mit $x_n = X_n - m_{1|0}$ und $y_n = Y_n - m_{0|1}$ die Abweichungen vom zugehörigen arithmetischen Mittel bezeichnet, so kann man (17) auch in der Form schreiben

$$(18) \quad r_{1|1} = \frac{\sum x_n y_n}{\sqrt{\sum x_n^2 \cdot \sum y_n^2}}.$$

Der Parameter $r_{1|1}$ wird allgemein als **Korrelationskoeffizient** (Kkf.) bezeichnet. Seine Bedeutung wird in Kapitel 17 näher erläutert werden.

Mit Hilfe der Parameter m, μ und r läßt sich, wenn sie in der erforderlichen Anzahl vorliegen, jedes Abhängigkeitsgesetz stochastisch verbundener Veränderlichen eindeutig festlegen.

15. DAS BEDINGTE VERTEILUNGSGESETZ

Die Definitionen und Maßzahlen, die wir zur Kennzeichnung der Verteilung einer Veränderlichen in ihrem ganzen unabhängigen Wertbereich aufgestellt haben, lassen sich auch in Abhängigkeit von einer zweiten Veränderlichen auf Teilgebiete anwenden. Die Gesamtheit der Werte, welche die Veränderliche Y annehmen kann, wenn die Veränderliche X einen unter ihren möglichen Werten erhalten hat, und die Gesamtheit der den verschiedenen Werten von X

28 III. Die Maßzahlen des stochastischen Abhängigkeitsgesetzes

unter dieser Voraussetzung zukommenden Wahrscheinlichkeiten wird als **bedingtes Verteilungsgesetz** von Y für den betreffenden Wert von X bezeichnet. Dieses bedingte Verteilungsgesetz kann durch die **bedingte mathematische Erwartung**, die **bedingte Streuung** usw. ebenso gekennzeichnet werden wie das Gesamtverteilungsgesetz durch die nichtbedingte math. Erw. usw.

Die Parameter, welche die bedingten Verteilungsgesetze von Y kennzeichnen, machen wir dadurch als „bedingte" kenntlich, daß wir oben in Klammern auf den betreffenden Wert von X hinweisen. $m_{0|1}^{(i)}$ bedeutet demnach die math. Erw. aller jener Werte, die Y annehmen kann, wenn $X = X_i$. Entsprechend ist $m_{1|0}^{(j)}$ die bedingte math. Erw. von X, falls $Y = Y_j$. $q_j^{(i)}$ ist die W., daß Y den Wert Y_j annimmt, wenn $X = X_i$, $p_i^{(j)}$ die W., daß X den Wert X_i annimmt, wenn $Y = Y_j$.

Beisp.: In K.-Tabelle I ist

$$q_1^{(1)} = \frac{119}{233}, \quad q_2^{(1)} = \frac{103}{233}, \quad q_3^{(1)} = \frac{10}{233}, \quad q_4^{(1)} = \frac{1}{233}, \quad q_5^{(1)} = 0,$$

daher ist

$$m_{0|1}^{(1)} = \sum_j q_j^{(1)} Y_j = \frac{1}{233}(119 \cdot 5 + 103 \cdot 6 + 10 \cdot 7 + 1 \cdot 8) = 5.5.$$

$$m_{0|1}^{(2)} = \frac{1}{78}(6 \cdot 5 + 51 \cdot 6 + 16 \cdot 7 + 5 \cdot 8) = 6.3;$$

$$m_{0|1}^{(3)} = \frac{1}{10}(1 \cdot 6 + 2 \cdot 7 + 5 \cdot 8 + 2 \cdot 9) = 7.8.$$

Der Leser berechne entsprechend die bedingten math. Erw. $m_{1|0}^{(j)}$ von X für die Werte der K.-Tabelle I. Bei K.-Tabelle II erhält man, der Anordnung und Bezifferung der Zeilen und Kolonnen entsprechend, natürlich nicht die bedingten math. Erw. selbst, sondern deren Abweichungen von den nichtbedingten math. Erw.

Die **bedingten Streuungen** berechnen sich ganz ähnlich. Für K.-Tabelle I ergibt sich

$$\mu_{0|2}^{(1)} = \sum_j q_j^{(1)}(Y_j - m_{0|1}^{(1)})^2 = \frac{1}{233}\{119 \cdot (5 - 5.5)^2 +$$
$$+ 103 \cdot (6 - 5.5)^2 + 10 \cdot (7 - 5.5)^2 + 1 \cdot (8 - 5.5)^2\} =$$
$$= 0.36; \quad \mu_{0|2}^{(2)} = 0.47; \quad \mu_{0|2}^{(3)} = 0.76.$$

16. DIE BEZIEHUNGSGLEICHUNG

Wird die bedingte math. Erw. von Y als Funktion des bedingenden Wertes von X dargestellt, so nennt man den betreffenden analytischen Ausdruck die „Regressionsgleichung von Y in bezug auf X". Da das Wort Regression ursprünglich bei der Behandlung eines bestimmten biologischen Problems auf Grund einer Vorstellung, die sich später als unhaltbar erwies, geprägt worden ist, gebrauchen wir im folgenden statt Regressionsgleichung die Bezeichnung „Beziehungsgleichung".

(19) $\begin{cases} m_{0|1}^{(i)} = \mathsf{E}^{(i)}(Y) = f(X_i) \text{ ist die Beziehungsgleichung von } Y \text{ in bezug auf } X, \\ m_{1|0}^{(j)} = \mathsf{E}^{(j)}(X) = f(Y_j) \text{ ist die Beziehungsgleichung von } X \text{ in bezug auf } Y. \end{cases}$

Stellt man diese Funktionen in einem rechtwinkligen Koordinatensystem bildlich dar, so spricht man von Regressions- oder Beziehungslinien. Je nach der Form dieser Linien bzw. der Funktionen $f(X_i), f(Y_j)$ nennt man die Beziehung eine lineare, eine parabolische usw.

Einen einfachen Fall eines linearen stochastischen Zusammenhanges, einer linearen Beziehung, stellt das Beispiel am Schlusse von Kapitel 10 dar. Ist Y die mit einem weißen und einem schwarzen Würfel geworfene Augensumme, X die dabei mit dem weißen Würfel geworfene Zahl, so wird — „ideale" Würfel vorausgesetzt (vgl. hierzu Seite 12) — das Abhängigkeitsgesetz durch nachfolgende K.-Tabelle III ausgedrückt. Man ersieht daraus, daß $m_{0|1}^{(i)} = 3.5 + X_i$ und $m_{1|0}^{(j)} = \frac{1}{2} Y_j$. Beide Beziehungsgleichungen sind also linear. Stellt man, wie in Abb. 2, die $m_{0|1}^{(i)}$ und $m_{1|0}^{(j)}$ als Punkte in einem rechtwinkligen Koordinatensystem dar — wobei in Abb. 2 die kleinen schwarzen Kreise die $m_{0|1}^{(i)}$ und die liegenden Kreuzchen die $m_{1|0}^{(j)}$ vorstellen — so sieht man, daß die bedingten math. Erwn. von Y auf einer Geraden und die bedingten math. Erwn.

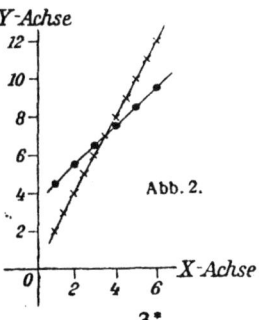

Abb. 2.

III. Die Maßzahlen des stochastischen Abhängigkeitsgesetzes

Korrelationstabelle III: Korrel. zwischen der Augensumme zweier Würfel und der Augenzahl eines von beiden.

		Augenzahl des weißen Würfels: X						u_j	$m_{110}^{(j)}$
		1	2	3	4	5	6		
Augensumme des weißen und schwarzen Würfels: Y	2	1	·	·	·	·	·	1	1
	3	1	1	·	·	·	·	2	1.5
	4	1	1	1	·	·	·	3	2
	5	1	1	1	1	·	·	4	2.5
	6	1	1	1	1	1	·	5	3
	7	1	1	1	1	1	1	6	3.5
	8	·	1	1	1	1	1	5	4
	9	·	·	1	1	1	1	4	4.5
	10	·	·	·	1	1	1	3	5
	11	·	·	·	·	1	1	2	5.5
	12	·	·	·	·	·	1	1	6
n_i		6	6	6	6	6	6	$36 = N$	
$m_{011}^{(i)}$		4.5	5.5	6 5	7.5	8.5	9.5		

von X gleichfalls auf einer, aber auf einer **anderen** Geraden liegen. Der Schnittpunkt der beiden Geraden hat natürlich die Koordinaten

$$y = \mathsf{E}(Y) = 7.0 \quad \text{und} \quad x = \mathsf{E}(X) = 3.5.$$

Daß die beiden Beziehungslinien **nicht** zusammenfallen, ist besonders zu beachten. Hier offenbart sich der grundsätzliche Unterschied der stochastischen Verbundenheit gegenüber dem funktionellen Zusammenhang. Stehen zwei Veränderliche y und x in funktionellem Zusammenhang, so wird dieser Zusammenhang immer nur durch **eine** Linie bildlich dargestellt, gleichgültig, ob y in x oder x in y ausgedrückt wird. Es kann eben jederzeit mit Hilfe passender Symbole und formal-mathematischer Verfahren aus der Gleichung, welche y als eine Funktion von x darstellt, die Gleichung abgeleitet werden, die x als eine Funktion von y darstellt. Ist z. B.

$$y = ax^2, \quad \text{so ist} \quad x = \pm\sqrt{\frac{y}{a}}.$$

Dagegen kann aus der Beziehungsgleichung von Y in bezug auf X durch keinerlei Rechenkünste die Beziehungsgleichung von X in bezug auf Y gewonnen werden, beide Beziehungsgleichungen sind vielmehr getrennt aus dem Abhängigkeitsgesetz zu ermitteln. Diese Nichtumkehrbarkeit der Beziehungsgleichungen ist schon manchen ein Anlaß gewesen, in der K.-R. eine mangelhafte oder gar mathematisch fehlerhafte Berechnungsweise zu erblicken. Mit Unrecht! Man braucht nur die beiden Beziehungsgleichungen (19) zu betrachten, um zu erkennen, daß es ja gar nicht die gleichen Größen sind, welche die beiden Beziehungsgleichungen verbinden. Die eine verbindet die bedingte math. Erw. von Y mit X, die andere die bedingte math. Erw. von X mit Y. Es ist daher selbstverständlich, daß die eine Beziehungsgleichung nicht aus der anderen abgeleitet werden kann.

Die lineare Beziehungsgleichung $m_{0|1}^{(i)} = a_0 + a_1 X_i$ ist ein besonderer Fall der Beziehungsgleichung von der allgemeinen Form

(20) $\quad m_{0|1}^{(i)} = a_{|0} + a_{|1} X_i + a_{|2} X_i^2 + \cdots + a_{|s} X_i^s$,

die eine Parabel s ten Grades darstellt. Die Koeffizienten[1]) von Beziehungsgleichungen dieser Form, die wir parabolische Beziehungsgleichungen nennen, lassen sich durch die Parameter m ausdrücken In den meisten Fällen ist es jedoch zweckmäßiger, statt die bedingte math. Erw. von Y als Funktion von X darzustellen, der Beziehungsgleichung eine solche Gestalt zu geben, daß die Abweichung der bedingten math. Erw. von der nichtbedingten math. Erw. von Y als Funktion der Abweichung des entsprechenden Wertes X_i von $\mathsf{E}(X)$ erscheint. An Stelle von (20) hat man dann eine Gleichung von der Form

(21) $\quad \begin{cases} m_{0|1}^{(i)} - m_{0|1} = b_{|0} + b_{|1}(X_i - m_{1|0}) + \\ \qquad + b_{|2}(X_i - m_{1|0})^2 + \cdots + b_{|s}(X_i - m_{1|0})^s. \end{cases}$

---

[1]) Man beachte die kleinen senkrechten Striche im Zeiger (Index) der Koeffizienten a. Handelt es sich um eine Beziehungsgleichung von Y in bezug auf X, so steht der kleine Strich vor der Zeigerzahl, handelt es sich um eine solche von X in bezug auf Y, so steht er nach der Zeigerzahl. Die genaue Einhaltung dieser von TSCHUPROW eingeführten Bezeichnungsweise erleichtert den Überblick über die vielen Koeffizienten.

III. Die Maßzahlen des stochastischen Abhängigkeitsgesetzes

Die Koeffizienten dieser Gleichung lassen sich in einfacher Weise durch die Parameter μ ausdrücken. Multipliziert man nämlich beide Seiten der Gleichung (21) mit $p_i(X_i - m_{1|0})^h$, wobei h irgendeine ganze positive Zahl (einschließlich 0) ist, so erhält man

$$p_i(X_i - m_{1|0})^h(m_{0|1}^{(i)} - m_{0|1}) = b_{|0}p_i(X_i - m_{1|0})^h +$$
$$+ b_{|1}p_i(X_i - m_{1|0})^{h+1} + b_{|2}p_i(X_i - m_{1|0})^{h+2} + \cdots$$
$$+ b_{|s}p_i(X_i - m_{1|0})^{h+s}.$$

Durch Summation über alle i von $i = 1$ bis $i = k$ ergibt sich unter Berücksichtigung der Definition (15)

$$\sum_i p_i(X_i - m_{1|0})^h(m_{0|1}^{(i)} - m_{0|1}) = \mu_{h|1} = b_{|0}\mu_{h|0} +$$
$$+ b_{|1}\mu_{h+1|0} + b_{|2}\mu_{h+2|0} + \cdots + b_{|s}\mu_{h+s|0}.$$

Indem man nun h nacheinander gleich 0, 1, 2 usw. bis s setzt, erhält man ein System von $s+1$ linearen Gleichungen, aus denen die $s+1$ Koeffizienten b bestimmt werden können.

Ist die stochastische Beziehung von Y zu X eine **lineare**, so ist $s = 1$. In diesem Falle erhält man die 2 Gleichungen

(für $h = 0$) $\quad \mu_{0|1} = b_{|0}\mu_{0|0} + b_{|1}\mu_{1|0},$

(für $h = 1$) $\quad \mu_{1|1} = b_{|0}\mu_{1|0} + b_{|1}\mu_{2|0}.$

Da definitionsgemäß $\mu_{1|0} = \mu_{0|1} = 0$ und $\mu_{0|0} = 1$, so ist dann

$$b_{|0} = 0 \quad \text{und} \quad b_{|1} = \frac{\mu_{1|1}}{\mu_{2|0}}.$$

Die lineare Beziehungsgleichung von Y in bezug auf X lautet daher

(22) $\qquad m_{0|1}^{(i)} - m_{0|1} = \frac{\mu_{1|1}}{\mu_{2|0}}(X_i - m_{1|0}).$

Da nach (17)

$$\frac{\mu_{1|1}}{\mu_{2|0}} = \frac{\mu_{1|1} \cdot \sqrt{\mu_{0|2}}}{\sqrt{\mu_{2|0}}\sqrt{\mu_{2|0}}\sqrt{\mu_{0|2}}} = \frac{\sigma_y}{\sigma_x} \cdot r_{1|1},$$

so läßt sich die lineare Beziehungsgleichung von Y in bezug auf X auch in der Form schreiben

(23) $\qquad m_{0|1}^{(i)} - m_{0|1} = \frac{\sigma_y}{\sigma_x} \cdot r_{1|1} \cdot (X_i - m_{1|0}).$

Die Beziehungsgleichung

Entsprechend erhält man für die lineare Beziehungsgleichung von X in bezug auf Y

$$m_{1|0}^{(j)} - m_{1|0} = b_{1|} (Y_j - m_{0|1}) = \frac{\sigma_x}{\sigma_y} \cdot r_{1|1} \cdot (Y_j - m_{0|1}).$$

Durch eine kleine Umformung erhält man eine dritte Gestalt von parabolischen Beziehungsgleichungen, die besonders von den englischen und amerikanischen Statistikern bevorzugt wird. Dividiert man nämlich beide Seiten der Gleichung (21) durch σ_y und setzt

$$\frac{m_{0|1}^{(i)} - m_{0|1}}{\sigma_y} = \mathfrak{m}_{|1}^{(i)} \quad \text{und} \quad \frac{X_i - m_{1|0}}{\sigma_x} = \mathfrak{x}_i,$$

so geht (21) über in

(24) $\mathfrak{m}_{|1}^{(i)} = \frac{b_{|0}}{\sigma_y} + \frac{b_{|1} \sigma_x}{\sigma_y} \mathfrak{x}_i + \frac{b_{|2} \sigma_x^2}{\sigma_y} \mathfrak{x}_i^2 + \cdots + \frac{b_{|s} \sigma_x^s}{\sigma_y} \mathfrak{x}_i^s.$

Für $s = 1$ folgt aus (23)

(25) $\qquad\qquad \mathfrak{m}_{|1}^{(i)} = r_{1|1} \mathfrak{x}_i.$

Der Vorteil der Form (24) bzw. (25) besteht darin, daß durch die Division der in (21) bzw. (23) auftretenden Differenzen mit den zugehörigen Streuungen alle in der Beziehungsgleichung auftretenden Koeffizienten **unbenannte** Zahlen sind. Die Umformung von (21) in (24), die geometrisch einer Änderung der Maßeinheit der Koordinaten gleichkommt, nennt man einen Übergang zu „normalen Koordinaten".

Durch die **Beziehungsgleichung** wird die für den **Forscher wichtigste Eigenschaft des stochastischen Abhängigkeitsgesetzes** ausgedrückt. Die Kenntnis derselben befähigt uns, aus einem gegebenen Werte der Veränderlichen X den erwartungsmäßigen Wert der Veränderlichen Y zu berechnen. Die Beziehungsgleichung gibt Aufschluß über die **Art** des Zusammenhanges, sie läßt jedoch **keinen** Schluß auf die Strammheit des Zusammenhanges zu. Insbesondere ist die Gestalt der Beziehungslinien völlig unabhängig von der Strammheit der Verbundenheit.

34 III. Die Maßzahlen des stochastischen Abhängigkeitsgesetzes

17. DER KORRELATIONSKOEFFIZIENT

Bei der Mehrzahl der praktisch zur Untersuchung kommenden stochastischen Zusammenhänge liegen die bedingten math. Erw. nicht **genau** auf einer geraden oder sonst ein-

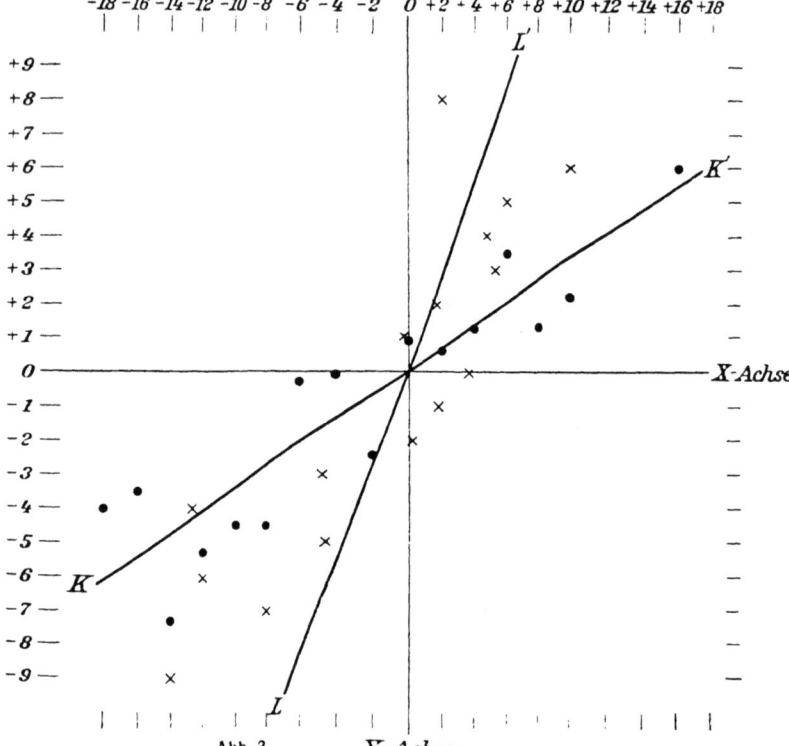

Abb. 3.

fach zu definierenden Linie. So ergibt z. B. die bildliche Darstellung der Abweichungen der bedingten math. Erw. von den nichtbedingten math. Erw., wie sie in K.-Tabelle II ermittelt wurden, die in Abb. 3 gezeichneten Punktschwärme.

[In Abb. 3 stellt die X-Achse $\mathsf{E}(Y)$, die Y-Achse $\mathsf{E}(X)$ vor, so daß die Abszissen die Abweichungen von $\mathsf{E}(X)$, die Ordinaten die Abweichungen von $\mathsf{E}(Y)$ angeben. Die Lage des Achsen-

Der Korrelationskoeffizient

kreuzes entspricht in Abb. 2 der Form (20), in Abb. 3 der Form (21) von Beziehungsgleichungen. Die kleinen schwarzen Kreise in Abb. 3 stellen die Zahlenpaare $(X_i - m_{1|0})$, $(m_{0|1}^{(i)} - m_{0|1})$, die liegenden Kreuze die Zahlenpaare $(m_{1|0}^{(j)} - m_{1|0})$, $(Y_j - m_{0|1})$ dar.]

Man kann nun die Aufgabe stellen, zwei Geraden so zu ziehen, daß die eine, wir wollen sie KK' nennen, die wahre Beziehungslinie von Y in bezug auf X, die andere LL' die wahre Beziehungslinie von X in bezug auf Y „möglichst gut" wiedergibt. Nach der Methode der kleinsten Quadrate wird diese Forderung von den gesuchten Geraden dann erfüllt, wenn die Summe der Quadrate der Abweichungen der nach der Gleichung der Geraden berechneten bedingten math. Erwn. von den entsprechenden wahren Werten der bedingten math. Erwn. kleiner ist als bei einem anderen Verlauf der Geraden, wenn also die Summe jener Abweichungen, wie man sagt, ein Minimum ist. Da die bedingten math. Erwn. ihrerseits Mittelwerte sind, so folgt im Falle einer aus der Erfahrung gegebenen endlichen Zahl von Wertepaaren aus jener Forderung die weitere: Die Summe der Quadrate der Abweichungen u_n der nach der Gleichung der Geraden KK' berechneten Ordinaten von den entsprechenden gegebenen Ordinaten y_n und die Summe der Quadrate der Abweichungen v_n der nach der Gleichung der Geraden LL' berechneten Abszissen von den entsprechenden gegebenen Abszissen x_n muß ein Minimum sein.

Legt man wie in Abb. 3 ein Koordinatensystem zugrunde, dessen Ursprung im Punkte $(m_{0|1}, m_{1|0})$ liegt, so müssen die gesuchten Geraden wegen

$$\sum x_n = \sum_i p_i (X_i - m_{1|0}) = 0$$

und

$$\sum y_n = \sum_j q_j (Y_j - m_{0|1}) = 0$$

durch den Ursprung gehen. Die Gleichungen der Geraden lauten daher

$$y = B_{|1} x \quad \text{und} \quad x = B_{1|} y,$$

und die Minimumsforderung führt zu den Gleichungen

(26) $$\begin{cases} \sum u_n^2 = \sum (y_n - B_{|1} x_n)^2 = \min, \\ \sum v_n^2 = \sum (x_n - B_{1|} y_n)^2 = \min. \end{cases}$$

III. Die Maßzahlen des stochastischen Abhängigkeitsgesetzes

Aus der ersten dieser Gleichungen folgt durch Differentiation nach $B_{|1}$

$$\frac{d \sum (y_n^2 - 2B_{|1}y_n x_n + x_n^2 B_{|1}^2)}{dB_{|1}} = B_{|1}\sum x_n^2 - \sum y_n x_n = 0$$

oder

(27) $\qquad B_{|1} = \dfrac{\sum y_n x_n}{\sum x_n^2} = \dfrac{\mu_{1|1}}{\mu_{2|0}} = b_{|1}.$

Ebenso ergibt sich aus der zweiten der Gleichungen (26)

(28) $\qquad B_{1|} = \dfrac{\sum y_n x_n}{\sum y_n^2} = \dfrac{\mu_{1|1}}{\mu_{0|2}} = b_{1|}.$

Die Richtungskoeffizienten der gesuchten Geraden sind somit identisch mit den Koeffizienten für die linearen Beziehungsgleichungen. Daraus folgt:

Die Gerade, deren Gleichung

$$m_{0|1}^{(i)} - m_{0|1} = \frac{\mu_{1|1}}{\mu_{2|0}}(X_i - m_{1|0}) \text{ bzw. } \mathfrak{M}_{|1}^{(i)} = r_{1|1}\mathfrak{X}_i$$

ist, stellt die wahre Beziehungslinie dar, wenn die stochastische Beziehung von Y zu X linear ist; ist die Beziehung aber nicht linear, gibt sie die wahre Beziehungslinie mit der besten Annäherung wieder. Das gleiche gilt natürlich auch für die Gleichung $\qquad \mathfrak{M}_{1|}^{(j)} = r_{1|1}\mathfrak{Y}_j.$

Durch Multiplikation von (27) mit (28) ergibt sich

$$B_{|1} \cdot B_{1|} = \frac{(\sum y_n x_n)^2}{\sum x_n^2 \sum y_n^2} = b_{|1} \cdot b_{1|} = \frac{\mu_{1|1}^2}{\mu_{2|0}\mu_{0|2}} = r_{1|1}^2.$$

Setzt man die für $B_{|1}$ und $B_{1|}$ ermittelten Werte in den Gleichungen (26) ein, so erhält man

$$\sum(y_n - B_{|1}x_n)^2 = \sum y_n^2 - \sum y_n^2 \frac{(\sum y_n x_n)^2}{\sum x_n^2 \sum y_n^2}$$
$$= (1 - r_{1|1}^2)\sum y_n^2 = \sum u_n^2,$$

$$\sum(x_n - B_{1|}y_n)^2 = \sum x_n^2 - \sum x_n^2 \frac{(\sum y_n x_n)^2}{\sum x_n^2 \sum y_n^2}$$
$$= (1 - r_{1|1}^2)\sum x_n^2 = \sum v_n^2.$$

Der Korrelationskoeffizient

Da die Quadratsummen $\sum u_n^2$ und $\sum v_n^2$ positiv sein müssen, kann $r_{1|1}^2$ nicht größer als 1 sein. Je näher $r_{1|1}^2$ der Einheit, desto kleiner sind die Quadratsummen, desto enger schließen sich die Punkte den Geraden an und desto kleiner ist der Winkel zwischen den beiden Geraden. Ist

$$r_{1|1}^2 = 1, \text{ so wird } \sum u_n^2 = \sum v_n^2 = 0,$$

die beiden Geraden KK' und LL' fallen in **eine** zusammen, so daß $Y - m_{0|1}$ streng proportional $X - m_{1|0}$ ist. $r_{1|1}^2$ ist also ein **Maß** dafür, mit **welcher Annäherung** die Abweichungen der Veränderlichen Y und X von den arithmetischen Mitteln **einander proportional** sind. Ein **allgemein gültiges Maß für die Strammheit** der stochastischen Verbundenheit ist $r_{1|1}^2$ jedoch **nicht**; als solches kann $r_{1|1}^2$, wie wir in Kapitel 19 sehen werden, nur dienen, wenn als sicher angesehen werden kann, daß die bestehende Beziehung linear ist.

Benutzt man statt $r_{1|1}^2$ den Kkf. $r_{1|1}$ selbst als Maßzahl, so hat dies den Vorteil, daß durch das **Vorzeichen** des Kkf. angegeben wird, ob die bedingte math. Erw. von Y mit der Zunahme von X im Durchschnitt zu- oder abnimmt. Ist der Kkf. positiv, so nimmt nach (25) die bedingte math. Erw. von Y mit wachsendem X und ebenso auch die bedingte math. Erw. von X mit wachsendem Y zu. Aus diesem Grunde wird meistens $r_{1|1}$ als Maßzahl benutzt. Es ist jedoch durchaus **falsch**, was so oft zu lesen ist, „der Kkf. gebe an, mit welchem Bruchteil ihres Betrages die eine Veränderliche in der anderen enthalten sei". Das gibt nicht der Kkf. an, sondern das **Quadrat** des Kkf. — sofern es sich überhaupt um eine lineare Beziehung handelt und solange lediglich der stochastische Zusammenhang von nur zwei Veränderlichen betrachtet wird. (Vgl. Kap. 26, S. 55.) Ganz deutlich tritt das bei dem mehrfach erwähnten Würfelbeispiel zutage. Wenn ich mit einem weißen und einem schwarzen Würfel würfle, so wird die Augensumme Y im Durchschnitt zur Hälfte durch die Augenzahl X des weißen Würfels bestimmt. Der Kkf. zwischen Y und X ist aber, wovon sich der Leser unter Verwendung der K.-Tabelle III und der Formel (17) oder (18) selbst überzeugen möge, $+ 0.7071$, dagegen ist $r_{1|1}^2 = \frac{1}{2}$.

III. Die Maßzahlen des stochastischen Abhängigkeitsgesetzes

18. ZAHLENBEISPIELE

Die praktische Berechnung des Kkf. kann auf 3 verschiedene Weisen durchgeführt werden. Die Wahl der Berechnungsart richtet sich zweckmäßig nach Art und Umfang des zu untersuchenden Zahlenstoffes.

1. Beisp.: Handelt es sich um die Korrelation zweier stetiger Veränderlichen, so erhält man den genauesten Wert des Kkf., wenn man die Merkmalwerte in dem gegebenen Genauigkeitsgrad benutzt und den Kkf. nach Formel (18) berechnet. Der Berechnungsgang ist dann folgender: Man berechnet zunächst die arithmetischen Mittel $\mathsf{E}\,(X)$ und $\mathsf{E}\,(Y)$ der beiden Wertereihen, dann für jedes X_n und Y_n die Abweichungen x_n und y_n und bildet (unter Beachtung der Vorzeichen!) der Reihe nach die Produkte zusammengehöriger Abweichungen $x_1\,y_1$, $x_2\,y_2$ usw. und schließlich die Produktsumme $\sum_{n=1}^{n=N} x_n y_n$. Alsdann berechnet man die Quadrate x_1^2, x_2^2 usw., y_1^2, y_2^2 usw. und die Summen $\sum x_n^2$ und $\sum y_n^2$. Aus den auf S. 24 genannten Paaren von Abweichungen erhält man z. B.

$x_1 y_1 = +\ 1.65$ $\qquad x_1^2 =\ 1.21$ $\qquad y_1^2 =\ 2.25$

$x_2 y_2 = +\ 53.30$ $\qquad x_2^2 =\ 169.00$ $\qquad y_2^2 =\ 16.81$

$\vdots$ $\qquad\qquad\qquad \vdots$ $\qquad\qquad\qquad \vdots$

$\sum x_n y_n = +\ 953.57$ $\qquad \sum x_n^2 = 2818.42$ $\qquad \sum y_n^2 = 675.98$,

daher nach (18)

$$r_{1|1} = \frac{+\,953.57}{\sqrt{2818.42 \cdot 675.98}} = +\,0.691.$$

Bei dieser Rechnungsweise ist, wenn es sich nur um die Berechnung des Kkf. handelt, die Aufstellung einer K.-Tabelle unnötig.

2. Beisp.: Handelt es sich um zwei unstetige Veränderliche, die nur weniger Werte fähig sind, und ist die Zahl der Wertepaare (N) sehr groß, so ist die Aufstellung einer K.-Tabelle zweckmäßig. In diesem Falle wird der Kkf. nach Formel (17) berechnet. Für K.-Tabelle I ergibt sich nach (14) und (15)

$\mu_{1|1} = \frac{1}{321}\,\{\,119\cdot(1-1.3)\cdot(5-5.8) + 103\cdot(1-1.3)\cdot(6-5.8) +$

$\qquad +\,10\cdot(1-1.3)\cdot(7-5.8) + 1\cdot(1-1.3)\cdot(8-5.8) +$

$\qquad +\,6\cdot(2-1.3)\cdot(5-5.8) + 51\cdot(2-1.3)\cdot(6-5.8) +$

$\qquad +\,16\cdot(2-1.3)\cdot(7-5.8) + 5\cdot(2-1.3)\cdot(8-5.8) +$

$\qquad +\,1\cdot(3-1.3)\cdot(6-5.8) + 2\cdot(3-1.3)\cdot(7-5.8) +$

$\qquad +\,5\cdot(3-1.3)\cdot(8-5\,8) + 2\cdot(3-1.3)\cdot(9-5.8)\,\} = +\,0.240.$

Zahlenbeispiele

Ferner ist

$$\mu_{2|0} = \frac{1}{321} \cdot \{233 \cdot (1-1.3)^2 + 78 \cdot (2-1.3)^2 + 10 \cdot (3-1.3)^2\} = 0.274,$$

$$\mu_{0|2} = \frac{1}{321} \cdot \{125 \cdot (5-5.8)^2 + 155 \cdot (6-5.8)^2 + 28 \cdot (7-5.8)^2 + 11 \cdot (8-5.8)^2 + 2 \cdot (9-5.8)^2\} = 0.624.$$

Daher nach (17) $r_{1|1} = \dfrac{+0.240}{\sqrt{0.274 \cdot 0.624}} = +0.580.$

Diese Berechnungsweise läßt sich natürlich auch für stetige Veränderliche anwenden. Man muß sich dabei jedoch darüber klar sein, daß in diesem Falle durch die Klasseneinteilung und die Verwendung der Intervallmitten zur weiteren Rechnung **Abrundungsfehler** auftreten. So erscheint z. B. das dritte Wertepaar der 50 Paare auf S. 24 in K.-Tabelle II und den auf diese gegründeten Rechnungen nicht mehr als $(-17.2) \cdot (-4.2)$, sondern als $(-18) \cdot (-4)$. Die Berechnung des Kkf. aus der K.-Tabelle empfiehlt sich für stetige Merkmale daher nur dann, wenn N **sehr groß** ist, so daß viele Paare $X_n Y_n$ einander gleich sind, die Häufigkeitszahlen $z_{i|j}$ in der K.-Tabelle daher nicht nur 1 und 2 betragen wie in K.-Tabelle II, sondern Werte annehmen wie die in K.-Tabelle I. In diesem Falle wird durch die Anlage der K.-Tabelle und Berechnung nach dieser eine Zeitersparnis erzielt, während bei wenigen, größtenteils verschiedenen Werten die Verwendung der Formel (18) rascher zum Ziele führt.

3. Beisp.: Ist die Zahl der Klassenintervalle der K.-Tabelle groß oder wenigstens größer als in K.-Tabelle I dann ist die Bildung der Abweichungen $X_i - m_{1|0}$ und $Y_j - m_{0|1}$ für jedes X_i und Y_j und die Multiplikation mit den gebrochenen Zahlen mühsam. Es ist daher zweckmäßig, falls man überhaupt von einer K.-Tabelle ausgeht, folgende **vereinfachte Berechnungsart** anzuwenden.

In K.-Tabelle IV, welche das Abhängigkeitsgesetz zwischen der Körpergröße und dem Körpergewicht (ohne Kleider) von 648 gesunden, kräftigen deutschen Männern im Alter von 19 bis 32 Jahren, die sich in den Kriegsjahren 1917 und 1918 freiwillig zum Flugdienst gemeldet hatten[1]), darstellt, sind die fetten, großen Zahlen die Häufigkeitszahlen $z_{i|j}$. Für $m_{1|0}$ ergibt sich 170 cm, für $m_{0|1}$ 65 kg. Man sucht nun jene Kolonne der K.-Tabelle, in deren Intervall $m_{1|0}$, und jene Zeile, in der $m_{0|1}$ enthalten ist, auf und macht sie, wie in K.-Tabelle IV, durch zwei starke Linien kenntlich. An Stelle der Abweichungen von $m_{1|0}$ und $m_{0|1}$ bildet man die Abweichungen von der hervorgehobenen Kolonne bzw. Zeile, und zwar nicht in den Maßeinheiten, in denen Y und X gemessen sind, sondern in Intervallgrößen. Auf diese Weise erhält man als Produkte der Abweichungen lauter ganze Zahlen. Diese Produkte sind in K.-Tabelle IV unter den Häufigkeitszahlen angeschrieben. In

---
1) Nach H. Rautmann, Untersuchungen über die Norm. Jena 1921.

40 III. Die Maßzahlen des stochastischen Abhängigkeitsgesetzes

dem durch starke Linien kenntlich gemachten Kreuz betragen die Produkte der Abweichungen natürlich 0, in dem linken oberen und rechten unteren Quadranten sind sie alle +, in den beiden anderen —. Die leicht im Kopfe zu berechnenden Produkte mit den Häufigkeitszahlen $z_{i|j}$ sind [1]):

links oben	rechts oben	links unten	rechts unten	
54	2	6	55	30
92	7	17	74	27
26	2	8	33	24
30	—11	8	12	12
62		—39	42	8
51			72	24
+315			72	32
			8	15
			24	+564

Korrelationstabelle IV: Korrel. zwischen Körpergröße und Körpergewicht gesunder junger Männer.

		Körpergröße in cm: X							u_j	$m^{(j)}_{1|0}$
		157.5	161.5	165.5	169.5	173.5	177.5	181.5	185.5		
Körpergewicht in kg: Y	54	9 +6	23 +4	13 +2	4 0	1 —2	.	.	.	50	162.7
	59	10 +3	31 +2	51 +1	40 0	7 —1	1 —2	.	.	140	165.7
	64	3 0	12 0	51 0	72 0	44 0	9 0	3 0	.	194	169.2
	69	.	3 —2	17 —1	42 0	55 +1	37 +2	11 +3	3 +4	168	173.1
	74	.	2 —4	4 —2	10 0	21 +2	18 +4	12 +6	1 +8	68	174.7
	79	.	.	.	1 0	8 +3	5 +6	3 +9	2 +12	19	176.8
	84	.	.	.	.	3 +4	1 +8	2 +12	2 +16	8	179.0
	89	.	.	.	.	.	.	1 +15	.	1	181.5
n_i		22	71	136	169	139	71	32	8	648 = N	
$m^{(i)}_{0|1}$		57.6	59.1	62.1	64.5	68.5	70.4	72.9	75.9		

[1]) Die Vorzeichen sind jeweils erst bei den Summen jedes Quadranten angeschrieben.

Zahlenbeispiele

Daraus ergibt sich $\mu'_{111} = (+315 - 11 - 39 + 564) : 648 = +1.279$.
Aus μ'_{111} kann auf folgende Weise μ_{111} gefunden werden:
Nach den obigen Erläuterungen ist

$$\mu'_{111} = \frac{1}{N} \sum_i \sum_j z_{i|j} \frac{X_i - \mathfrak{m}_{1|0}}{c_1} \cdot \frac{Y_j - \mathfrak{m}_{0|1}}{c_2},$$

wenn mit $\mathfrak{m}_{1|0}$ die Intervallmitte der Hauptkolonne, in deren Intervall $m_{1|0}$ liegt, und mit $\mathfrak{m}_{0|1}$ die Intervallmitte der Hauptzeile, ferner mit c_1 die Klassengröße von X, mit c_2 die Klassengröße von Y (in den der K.-Tabelle zugrundeliegenden Einheiten) bezeichnet wird.

Da aber

$$\mu_{111} = \frac{1}{N} \sum_i \sum_j{}' z_{i|j} (X_i - m_{1|0})(Y_j - m_{0|1})$$

ist, so erhält man, wenn noch $m_{1|0} - \mathfrak{m}_{1|0} = \xi$ und $m_{0|1} - \mathfrak{m}_{0|1} = \eta$ gesetzt wird,

$$X_i - m_{1|0} = X_i - \mathfrak{m}_{1|0} + \xi \quad \text{und} \quad Y_j - m_{0|1} = Y_j - \mathfrak{m}_{0|1} + \eta;$$

daher

$$(X_i - m_{1|0})(Y_j - m_{0|1}) = (X_i - \mathfrak{m}_{1|0})(Y_j - \mathfrak{m}_{0|1}) +$$
$$+ \eta(X_i - \mathfrak{m}_{1|0}) + \xi(Y_j - \mathfrak{m}_{0|1}) + \xi\eta$$

und

$$\sum_i \sum_j z_{i|j} \frac{X_i - m_{1|0}}{c_1} \cdot \frac{Y_j - m_{0|1}}{c_2} =$$
$$= \sum_i \sum_j z_{i|j} \frac{X_i - \mathfrak{m}_{1|0}}{c_1} \cdot \frac{Y_j - \mathfrak{m}_{0|1}}{c_2} +$$
$$+ \frac{\eta}{c_2} \sum_i p_i \frac{X_i - \mathfrak{m}_{1|0}}{c_1} + \frac{\xi}{c_1} \sum_j q_j \frac{Y_j - \mathfrak{m}_{0|1}}{c_2} + \frac{\xi}{c_1} \cdot \frac{\eta}{c_2} \cdot N.$$

Daraus ergibt sich, weil

$$\sum_i p_i (X_i - \mathfrak{m}_{1|0}) = \sum_j q_j (Y_j - \mathfrak{m}_{0|1}) = 0,$$

nach Division durch N

$$\mu'_{111} = \frac{\mu_{111}}{c_1 c_2} + \frac{\xi\eta}{c_1 c_2}$$

oder
$$\mu_{111} = c_1 c_2 \cdot \mu'_{111} - \xi\eta.$$

Im obigen Beispiele ist $\mu'_{111} = +1.279$, $\mathfrak{m}_{1|0} = 169.5$, $\mathfrak{m}_{0|1} = 64$
$c_1 = 4$, $c_2 = 5$, $\xi = +0.5$, $\eta = +1$, daher $\mu_{111} = +25.08$. Da,

42 III. Die Maßzahlen des stochastischen Abhängigkeitsgesetzes

$\sigma_x = 5.985$, $\sigma_y = 6.415$, so ist $r_{1|1} = +0.653$. Im allgemeinen sind also die größeren Männer auch die schwereren. Vergleicht man jedoch den Kkf. mit anderen Kkfn., so sieht man, daß die Proportionalität zwischen Körpergewicht und Körpergröße selbst bei ausgewählt gesunden, kräftigen Männern geringer ist als z. B. die zwischen der Augensumme von 2 Würfeln und der Augenzahl von nur einem der beiden Würfel. Da das Gewicht eines Körpers von dessen Volumen abhängig ist, ist die Annahme naheliegend, daß die stochastische Beziehung zwischen Körpergewicht und Körpergröße, d. h. der Länge des Körpers keine lineare ist, so daß in diesem Falle der Kkf. kein Maß für die Strammheit der stochastischen Verbundenheit wäre und die Möglichkeit bestünde, daß der Zusammenhang doch ein engerer wäre als zwischen der Augensumme von 2 Würfeln und der Augenzahl von nur einem. Der Leser kann sich jedoch durch Eintragung der bedingten math. Erwn. in ein Koordinatensystem entsprechend Abb. 2 selbst davon überzeugen, daß sowohl die bedingten math. Erwn. von Y als auch die von X fast genau auf **geraden** Linien liegen. (Vgl. Kap. 19, 2. Beispiel.)

19. DAS KORRELATIONSVERHÄLTNIS

Die Beziehungsgleichung ermöglicht es, wie wir gesehen haben, von einem gegebenen Werte X_i auf den „erwartungsmäßigen" Wert der Veränderlichen Y zu schließen. Eine Gewißheit, daß Y diesen Wert auch wirklich annimmt, besteht nicht, da ja das Wesen des stochastischen Zusammenhanges gerade darin liegt, daß Y auch nach der Festlegung des Wertes von X immer noch verschiedener Werte fähig bleibt. Aber durch die Beziehungsgleichung wird der mögliche Wertbereich von Y eingeengt, falls Y mit X **korreliert ist**. Dies ist dann der Fall, wenn die bedingte math. Erw. von Y für verschiedene X_i verschiedene Werte annimmt. Ist aber $m_{0|1}^{(i)} = \text{const.} = m_{0|1}$, so ist Y mit X **nicht-korreliert**.

Nimmt man nach PEARSON das **Quadrat der Streuung** als Maß für die Schwankung, deren eine zufällige Veränderliche fähig ist, so wird ohne Berücksichtigung des stochastischen Zusammenhanges von Y mit X die Schwankung von Y durch $\mu_{0|2}$ bestimmt, bei Berücksichtigung dieses Zusammenhanges jedoch durch $\mu_{0|2}^{(i)}$. Das Maß der **durchschnittlichen** Schwankung der nach Festlegung des Wertes von X möglich bleibenden Werte von Y um die jeweilige bedingte math. Erw. ist daher $\sum_i p_i \mu_{0|2}^{(i)}$. Da nun nach (5) $p_i q_j^{(i)} = w_{i|j}$ und da ferner

Das Korrelationsverhältnis

$$\sum_i\sum_j w_{i|j}(Y_j - m_{0|1})(m_{0|1}^{(i)} - m_{0|1}) =$$

$$= \sum_i \{p_i(m_{0|1}^{(i)} - m_{0|1})\sum_j q_j^{(i)}(Y_j - m_{0|1})\} =$$

$$= \sum_i p_i(m_{0|1}^{(i)} - m_{0|1})^2,$$

so ist $\sum_i p_i \mu_{0|2}^{(i)} = \sum_i\sum_j p_i q_j^{(i)} (Y_j - m_{0|1}^{(i)})^2 =$

$$= \sum_i\sum_j w_{i|j}\{(Y_j - m_{0|1}) - (m_{0|1}^{(i)} - m_{0|1})\}^2 =$$

$$= \sum_i\sum_j w_{i|j}(Y_j - m_{0|1})^2 - \sum_i p_i(m_{0|1}^{(i)} - m_{0|1})^2 =$$

$$= \mu_{0|2} - \sum_i p_i(m_{0|1}^{(i)} - m_{0|1})^2.$$

$\sum_i p_i \mu_{0|2}^{(i)}$ ist also immer kleiner als $\mu_{0|2}$, sofern nicht für alle i $m_{0|1}^{(i)} = m_{0|1}$, d. h. X mit Y nicht-korreliert ist. Je kleiner $\sum_i p_i\mu_{0|2}^{(i)}$ gegenüber der Gesamtstreuung $\mu_{0|2}$ desto sicherer ist die Abschätzung von Y auf Grund der Beziehungsgleichung, desto mehr nähert sich die Aussage (Voraussage) über den zu erwartenden Wert von Y der Vorausberechnung von Y im Falle eines funktionellen Zusammenhanges. Das Verhältnis der durchschnittlichen bedingten Streuung $\sum_i p_i\mu_{0|2}^{(i)}$ zur nicht-bedingten Streuung ist daher ein Maß für die Strammheit der stochastischen Verbundenheit. PEARSON hat für dieses Verhältnis, zu 1 ergänzt, die Bezeichnung Korrelationsverhältnis (Kvh.) eingeführt. Dieses ist also definiert[1]) durch

(29) $$\eta_{y|x}^2 = 1 - \frac{1}{\mu_{0|2}}\sum_i p_i \mu_{0|2}^{(i)}.$$

Da $\sum_i p_i \mu_{0|2}^{(i)} = \mu_{0|2} - \sum_i p_i(m_{0|1}^{(i)} - m_{0|1})^2,$ so ist

(30) $$\eta_{y|x}^2 = \frac{1}{\mu_{0|2}}\sum_i p_i(m_{0|1}^{(i)} - m_{0|1})^2$$

---

1) Man definiert das Kvh. durch das Quadrat η^2, um auszudrücken, daß es im Gegensatz zum Kkf. immer eine positive Zahl ist.

44 III. Die Maßzahlen des stochastischen Abhängigkeitsgesetzes

oder $\quad \eta_{y|x}^2 = \sum_i p_i (\mathfrak{M}_{|1}^{(i)})^2$.

Entsprechend ist

$$\eta_{x|y}^2 = \frac{1}{\mu_{2|0}} \sum_j q_j (m_{1|0}^{(j)} - m_{1|0})^2$$

oder $\quad \eta_{x|y}^2 = \sum_j q_j (\mathfrak{M}_{1|}^{(j)})^2$.

Steht Y in funktionellem Zusammenhang mit X, so sind alle bedingten Streuungen und ihre Quadrate $\mu_{0|2}^{(i)}$ bzw. $\mu_{2|0}^{(j)}$ gleich 0, das Kvh. wird dann 1. Ist Y mit X nicht-korreliert, ist $\eta_{y|x}^2 = 0$. Die Bedeutung des Kvh. als Maß für die Strammheit der Verbundenheit ist völlig **unabhängig von der Gestalt des stochastischen Abhängigkeitsgesetzes**.

Ist die Beziehung von Y zu X eine lineare, so daß die Beziehungsgleichung lautet $\mathfrak{M}_{|1}^{(i)} = r_{1|1} \mathfrak{x}_i$, so ist, da

$$\sum_i p_i \mathfrak{x}_i^2 = \frac{1}{\mu_{2|0}} \sum p_i (X_i - m_{1|0})^2 = 1,$$

$$\sum_i p_i (\mathfrak{M}_{|1}^{(i)})^2 = \eta_{y|x}^2 = r_{1|1}^2.$$

Bei linearer Beziehung sind also Kvh. und Quadrat des Kkf. einander gleich. Darum kann bei linearer Beziehung (aber auch nur bei solcher) der Kkf. auch als Maß für die Strammheit der stochastischen Verbundenheit benutzt werden. Ist die Beziehung nicht linear, so ist stets $r_{1|1}^2 < \eta_{y|x}^2$ und $r_{1|1}^2 < \eta_{x|y}^2$.

Bei der **praktischen** Berechnung des Kvh. ist darauf zu achten, daß bei kleinem N die Zahl der verschiedenen Werte von X gleich N sein kann. Dann würde jedem Werte von X nur **ein** Wert von Y entsprechen, so daß in diesem Falle alle $\mu_{0|2}^{(i)}$ gleich 0 wären und ein funktioneller Zusammenhang vorgetäuscht würde. Durch Vergrößerung von N und passende Klasseneinteilung der Veränderlichen ist dann dafür zu sorgen, daß mindestens bei der Mehrzahl der X_i jedem X_i mehrere Y entsprechen und umgekehrt.

1. Beisp.: Soll für die 50 Wertepaare auf S. 24 das Kvh. $\eta_{y|x}^2$ berechnet werden, so legt man die K.-Tabelle II an. Für

$$n_i (m_{0|1}^{(i)} - m_{0|1})^2$$

erhält man der Reihe nach von links nach rechts: 36.0, 20.25,

Höhere r-Parameter 45

5.31, 73.5 6.25, 2.27, 4.05, 22.66, 0.06, 0.33, 40.5, 40.5, 42.61, 80.59, 12.25, 16.0 und daher, da $p_i = \frac{n_i}{N}$, $\sum p_i(m_{0|1}^{(i)} - m_{0|1})^2 = 8.065$.

Da $\mu_{0|2} = 13.56$, ist $\eta_{y|x}^2 = 0.595$. Berechnet man den Kkf. aus der K.-Tabelle, so erhält man $r_{1|1} = 0.686$; daher ist $\eta_{y|x}^2 - r_{1|1}^2 = \zeta_{y|x}^2 = 0.124$.

2. Beisp.: Aus den in K.-Tabelle IV angegebenen bedingten math. Erw. $m_{0|1}^{(i)}$ ergibt sich

$$\sum_i p_i(m_{0|1}^{(i)} - m_{0|1})^2 = 17.9; \text{ da } \mu_{0|2} = \sigma_y^2 = 41.15,$$

so ist $\eta_{y|x}^2 = 0.435$. Daher ist $\eta_{y|x}^2 - r_{1|1}^2 = 0.435 - 0.426 = 0.009$. Die geringe Differenz zwischen dem Kvh. und dem Quadrat des Kkf. entspricht der schon im vorigen Kapitel erwähnten Tatsache, daß die bestimmten Körpergrößen (gesunder Männer) zugeordneten math. Erw. $m_{0|1}^{(i)}$ des Körpergewichtes bei bildlicher Darstellung in einem rechtwinkligen Koordinatensystem fast genau auf einer geraden Linie liegen.

20. HÖHERE r-PARAMETER

Denkt man sich alle N Paare zusammengehöriger Werte von Y und X fortlaufend numeriert und bezeichnet mit x_n und y_n wie in (18) die Abweichungen des $n$ten Paares von den arithmetischen Mitteln $m_{1|0}$ und $m_{0|1}$, so erhält man für die häufiger vorkommenden der höheren r-Parameter nach (16) und (15) folgende Formeln:

$$(31)\begin{cases} r_{2|2} = \dfrac{N \cdot \sum x_n^2 y_n^2}{\sum x_n^2 \sum y_n^2}; & r_{1|3} = \dfrac{N \cdot \sum x_n y_n^3}{\sqrt{\sum x_n^2 \cdot (\sum y_n^2)^3}}; \\[2ex] r_{3|1} = \dfrac{N \cdot \sum x_n^3 y_n}{\sqrt{(\sum x_n^2)^3 \cdot \sum y_n^2}}; & r_{0|4} = \dfrac{N \cdot \sum y_n^4}{(\sum y_n^2)^2}; \\[2ex] r_{4|0} = \dfrac{N \cdot \sum x_n^4}{(\sum x_n^2)^2}. \end{cases}$$

Aus (25) läßt sich eine einfache Beziehung ableiten, der gewisse der höheren r-Parameter genügen müssen, wenn eine stochastische Beziehung linear sein soll. Multipliziert man (25) beiderseits mit $p_i \mathfrak{x}_i^h$ und summiert über alle i, so erhält man

$$\sum_i p_i \mathfrak{M}_{|1}^{(i)} \mathfrak{x}_i^h = r_{1|1} \sum_i p_i \mathfrak{x}_i^{h+1}.$$

46 III. Die Maßzahlen des stochastischen Abhängigkeitsgesetzes

Durch Einsetzen der ursprünglichen Brüche (siehe S. 33) für $\mathfrak{M}_{|1}^{(i)}$ und $\mathfrak{X}_i$ erkennt man, daß

$$\sum_i p_i \mathfrak{M}_{|1}^{(i)} \mathfrak{X}_i^h = r_{h|1} \quad \text{und} \quad \sum_i p_i \mathfrak{X}_i^{h+1} = r_{h+1|0}.$$

Die Bedingung lautet demnach:

Ist die stochastische Beziehung von Y zu X linear, so muß für $h = 2, 3, 4, \ldots$

(32a) $\qquad r_{h|1} = r_{1|1} \cdot r_{h+1|0} \qquad$ sein.

Desgleichen ergibt sich als Bedingung für die Linearität der Beziehungsgleichung von X in bezug auf Y

(32b) $\qquad r_{1|h} = r_{1|1} \cdot r_{0|h+1} \quad$ für $h = 2, 3, 4 \ldots$

Beisp.: Für das mehrfach erwähnte Würfelbeispiel der K.-Tabelle III ergibt sich nach (31)

$r_{3|1} = +1.224, \qquad r_{1|3} = +1.673, \qquad r_{4|0} = +1.731,$
$r_{0|4} = +2.366, \qquad r_{1|1} = +0.707.$

Tatsächlich ist
$0.707 \cdot 1.731 = 1.224 \quad \text{und} \quad 0.707 \cdot 2.366 = 1.673.$

21. DIE NORMALE KORRELATION

Ist die Beziehungsgleichung von Y in bezug auf X und von X in bezug auf Y linear und sind Y und X stetige Veränderliche, die zwischen $-\infty$ und $+\infty$ alle Werte annehmen können und deren Verteilungsgesetz das bekannte Gaußsche Fehlergesetz ist, so ist die Wahrscheinlichkeit des Zusammentreffens eines Wertes von X, dessen Abweichung von $m_{1|0}$ in normalen Koordinaten zwischen $\mathfrak{X}$ und $\mathfrak{X} + d\mathfrak{X}$ liegt, mit einem Werte von Y, dessen Abweichung von $m_{0|1}$ zwischen $\mathfrak{Y}$ und $\mathfrak{Y} + d\mathfrak{Y}$ liegt, gleich

$$\frac{1}{2\pi\sqrt{1-r_{1|1}^2}} e^{-\frac{\mathfrak{X}^2 - 2r_{1|1}\mathfrak{X}\mathfrak{Y} + \mathfrak{Y}^2}{2(1-r_{1|1}^2)}} d\mathfrak{X} d\mathfrak{Y}.$$

In diesem als „normale Korrelation" bezeichneten Falle ist mit $r_{1|1}$ das ganze Abhängigkeitsgesetz ausgedrückt. Daher lassen sich alle sonstigen Maßzahlen als Funktionen von $r_{1|1}$ ausdrücken. Z. B. ist bei normaler K.

$r_{2|2} = 1 + 2r_{1|1}^2, \qquad r_{3|1} = r_{1|3} = 3r_{1|1}, \qquad r_{4|0} = r_{0|4} = 3.$

In den ersten Anfängen der K.-R. — vor etwa einem halben

Jahrhundert — hielt man jede K. mindestens annähernd für das, was wir heute als „normale Korrelation" bezeichnen. Wir müssen uns darüber im klaren sein, daß die normale K. nur eine von den unendlich vielen möglichen Gestaltungsformen des Abhängigkeitsgesetzes ist und daß sie in der Natur niemals vollkommen verwirklicht ist. Bei einigen biologischen Zusammenhängen sind die Abweichungen von der normalen K. allerdings ziemlich gering.

IV. DIE SCHÄTZUNG DER APRIORISCHEN MASSZAHLEN AUF GRUND EMPIRISCHER WERTE

22. APRIORISCHE UND EMPIRISCHE MASSZAHLEN

Überblicken wir, wie in dem Würfelbeispiel der K.-Tabelle III, den Gesamtumfang aller Wertverbindungen von Y und X und ihrer Häufigkeiten, so sind die p_i und q_j apriorische Wn., und die gewonnenen Parameter und Maßzahlen zur Kennzeichnung von Art und Strammheit der stochastischen Verbundenheit sind im gleichen Sinne „apriorisch". In diesem Falle sind die Maßzahlen fehlerfrei; es hat keinen Sinn z. B. vom mittleren Fehler des für das genannte Beispiel ermittelten Kkf. zu sprechen. In den meisten Fällen sind aber die Wertepaare, mit denen wir rechnen, nur der Natur entnommene Proben; die Maßzahlen, die wir ermitteln, sind infolgedessen Erfahrungswerte wie die ihnen zugrundeliegenden r. Hn. Es entsteht dadurch die Aufgabe, von den errechneten (empirischen) Maßzahlen, welche das Abhängigkeitsgesetz nur für den gerade im Gesichtsfeld des Forschers erscheinenden Ausschnitt kennzeichnen, auf das apriorische Abhängigkeitsgesetz, das wir ja im Grunde suchen, zu schließen. Die Berechtigung zu solchem Schlusse liegt einzig und allein in dem Erfahrungssatz, den wir als „Gesetz der großen Zahlen" kennenlernten. Wie die r. Hn. bei Vergrößerung des Beobachtungsstoffes Grenzwerten zustreben, so streben auch die stochastischen Maßzahlen Grenzwerten zu. Wir kennen diese Grenzwerte nicht, aber wir können uns dadurch ein Bild von ihnen machen, daß wir die Fehler abschätzen, die wir begehen, wenn wir annehmen, daß die ermittelten empirischen Maßzahlen den gesuchten apri-

IV. Die Schätzung der apriorischen Maßzahlen usw.

orischen, die mit den Grenzwerten identisch sind, gleich sind. Es ist ganz unmöglich auf die hierzu nötigen, zum Teil schwierigen und umfangreichen fehlertheoretischen Untersuchungen im Rahmen dieses Büchleins einzugehen. Wir müssen uns darauf beschränken, die für den Praktiker unumgänglich nötigen Formeln zur Berechnung der Fehler ohne weitere Ableitung mitzuteilen.[1]

23. DIE SCHÄTZUNGSFEHLER DES KORRELATIONS-KOEFFIZIENTEN

Wenn man, wie das in den vorangegangenen Kapiteln geschehen ist, zur Berechnung der empirischen Maßzahlen die gleichen Formeln benutzt wie für die apriorischen Maßzahlen, so begeht man in jedem Falle nicht nur einen bald positiven bald negativen zufälligen Fehler, sondern auch einen systematischen Schätzungsfehler. Der systematische Schätzungsfehler nimmt jedoch beim Kkf. mit wachsendem N sehr rasch ab. Ist $N > 20$, so kann er gegenüber dem mittleren Fehler der zufälligen Abweichungen des empirischen Kkf. vom apriorischen Kkf. vernachlässigt werden. Der m. F. des Kkf. ist in erster Annäherung

$$(33) \begin{cases} \text{m.F.}(r_{1|1}) = \\ = \frac{1}{\sqrt{N}} \left\{ r_{2|2}\left(1 + \frac{1}{2}r_{1|1}^2\right) - r_{1|1}(r_{3|1} + r_{1|3}) + \frac{1}{4}r_{1|1}^2(r_{4|0} + r_{0|4}) \right\}^{\frac{1}{2}}. \end{cases}$$

Diese Formel gilt für alle Abhängigkeitsgesetze. Ist die Beziehung von Y zu X und von X zu Y linear, so ist nach (32 a) und (32 b)

$$r_{3|1} = r_{1|1} \cdot r_{4|0} \quad \text{und} \quad r_{1|3} = r_{1|1} \cdot r_{0|4} \quad \text{und somit}$$

$$(34) \quad \text{m.F.}(r_{1|1}) = \frac{1}{\sqrt{N}} \left\{ r_{2|2}\left(1 + \frac{1}{2}r_{1|1}^2\right) - \frac{3}{4}r_{1|1}(r_{4|0} + r_{0|4}) \right\}^{\frac{1}{2}}.$$

Bei normaler Korrelation folgt aus (34) wegen

$$r_{2|2} = 1 + 2r_{1|1}^2 \quad \text{und} \quad r_{4|0} = r_{0|4} = 3$$

$$(35) \quad \text{m. F.}(r_{1|1}) = \frac{1 - r_{1|1}^2}{\sqrt{N}}.$$

---

[1] Für eingehenderes Studium sei hier nochmals auf das im Vorwort genannte TSCHUPROWsche Werk verwiesen.

Die Schätzungsfehler des Korrelationsverhältnisses 49

Fälschlicherweise wird die Formel (35) von vielen Forschern, die sich der K.-R. bedienen, auch dann angewandt, wenn auch nicht annähernd normale Korrelation vorhanden ist.

24. DIE SCHÄTZUNGSFEHLER DES KORRELATIONS-VERHÄLTNISSES

Im allgemeinen Falle eines beliebig gestalteten Abhängigkeitsgesetzes sind die Formeln für den systematischen und den mittleren zufälligen Fehler des Kvh. ziemlich verwickelt. Wir wollen uns daher darauf beschränken, den systematischen Fehler S und den m. F. für den Fall anzugeben, daß die Beziehungsgleichung von Y in bezug auf X linear ist. Alsdann ist in erster Annäherung

$$(36) \begin{cases} S(\eta^2_{y|x}) = \\ = \frac{1}{N} \left\{ \frac{1}{\mu_{0|2}} \sum_i \mu^{(i)}_{0|2} - 1 + r^2_{1|1} + r^2_{1|1} r_{0|4} + r^2_{1|1} r_{2|2} - 2 r_{1|1} r_{1|3} \right\} \end{cases}$$

$$(37) \begin{cases} \text{m. F. } (\eta^2_{y|x}) = \\ = \frac{1}{\sqrt{N}} r_{1|1} \left\{ 2(2 + r^2_{1|1}) r_{2|2} + r^2_{1|1} r_{0|4} - 3 r^2_{1|1} r_{4|0} - 4 r_{1|1} r_{1|3} \right\}^{\frac{1}{2}}. \end{cases}$$

Von besonderer Wichtigkeit sind die Fehler der Differenz $\zeta^2_{y|x} = \eta^2_{y|x} - r^2_{1|1}$, weil die Größe dieser Differenz ein **Kriterium dafür ist, ob die Beziehung von Y zu X linear** ist oder nicht. Da ja die empirischen Maßzahlen mit Fehlern behaftet sind, kann aus $\eta^2_{y|x} > r^2_{1|1}$, sofern diese Größen aus Erfahrungsstoff (Beobachtungen, Zählungen) erhalten wurden, noch nicht geschlossen werden, daß die vorliegende stochastische Beziehung nicht linear sei. Ein Urteil hierüber kann vielmehr erst unter Berücksichtigung der Fehler von $\zeta^2_{y|x}$ gewonnen werden.

Der systematische Fehler von $\zeta^2_{y|x}$ ist, falls die Beziehung von Y in bezug auf X linear ist, näherungsweise

$$(38) \quad S(\zeta^2_{y|x}) = \frac{1}{N} \left\{ \frac{1}{\mu_{0|2}} \sum_i \mu^{(i)}_{0|2} - (1 - r^2_{1|1}) - r_{2|2} + r^2_{1|1} r_{4|0} \right\},$$

der m. F. $(\zeta^2_{y|x})$ ist von der Größenordnung $\frac{1}{N}$.

Beisp.: Auf Seite 45 fanden wir für die Werte der K.-Tabelle II $\zeta^2_{y|x} = 0.124$. Nach Formel (38) erhält man als systematischen

IV. Die Schätzung der apriorischen Maßzahlen usw.

Fehler 0.090. Der m. F. beträgt ungefähr 0.02. Es brauchte also zum systematischen Fehler nur noch ein positiver zufälliger Fehler, der das 1,7fache des m. F. beträgt, hinzukommen, um die Differenz $\zeta_{y|x}^2 = 0.124$ zu erzeugen. Es wäre daher in diesem Falle verfehlt, aus $\eta_{y|x}^2 > r_{1|1}^2$ zu schließen, daß die (apriorische) stochastische Beziehung zwischen dem Luftdruckgefälle Ponta Delgada—Island im November und der gleichzeitigen Temperaturdifferenz Tromsö—Westgrönland nicht linear sei.

25. DIE DEUTUNG DER KORRELATIONSKOEFFIZIENTEN UND KORRELATIONSVERHÄLTNISSE

In den vorangehenden Kapiteln wurden die Berechnungsweisen und die Bedeutung des Kkf. und des Kvh. als Maßzahlen der stochastischen Verbundenheit von zwei zufälligen Veränderlichen besprochen. Es war das Bestreben des Verfassers, die Darstellung so zu gestalten, daß auch mathematisch weniger geschulte Leser in den Stand gesetzt werden, die K.-R. in ihrem Arbeitsgebiet nutzbringend anzuwenden. Damit dieses Ziel auch wirklich erreicht werde, ist es aber noch nötig, ausdrücklich darauf aufmerksam zu machen, daß es natürlich nicht damit abgetan ist, Kkfn. und Kvhe. und ihre Fehler zu berechnen. Zur Gewinnung sicherer Grundlagen ist es zwar von großer Bedeutung, die Strammheit des stochastischen Zusammenhanges oder den Grad, in welchem die Schwankungen zweier Erscheinungen als annähernd proportional angesehen werden können, zahlenmäßig festzustellen, das wichtigste bleibt aber immer die Deutung der errechneten Maßzahlen. Hierbei muß vor allem im Auge behalten werden, daß selbst aus einem ganz nahe an 1 liegenden Kkf. oder Kvh. noch nicht auf einen unmittelbaren ursächlichen Zusammenhang der beiden Erscheinungen in dem Sinne, daß die eine die „Ursache" der anderen wäre, geschlossen werden darf. Es kann eine hohe K. zwischen zwei Erscheinungen auch dadurch zustande kommen, daß beide durch einen übergeordneten Erscheinungskomplex beeinflußt werden. In diesem Falle nennen wir die K. eine symptomatische. Ein ausgezeichnetes Beispiel einer symptomatischen K. hat Sorer[1]) gegeben. Er fand zwischen der Größe der Produktion und der Größe des Verkehrs in Österreich im Zeitraum 1882 bis 1911 den Kkf. + 0.988, zwischen Produktion

---

1) R. Sorer, Allgem. statistisches Archiv 8. Jahrg. 1914, S. 193.

Lineare Beziehungsgleichungen für mehrere Veränderliche 51

und Verbrauch im gleichen Zeitraum + 0.975, zwischen Verkehr und Verbrauch + 0.994. Diese hohen Kkfn. sind „Symptome" der Steigerung des gesamten österreichischen Wirtschaftslebens im genannten Zeitraum. Stellt man den zeitlichen Verlauf der drei Zahlenreihen bildlich dar, so bekommt man 3 steil ansteigende Kurven. Es wäre verfehlt, aus der hohen K. auch auf einen hohen Grad der Übereinstimmung der 3 Erscheinungen in den Abweichungen von ihrem Hauptverlauf schließen zu wollen. Will man den stochastischen Zusammenhang der Schwankungen um den gemeinsamen Hauptverlauf untersuchen — und das ist in den meisten Fällen das wichtigste —, so muß man bei der Berechnung der K.-Maße nicht von den Abweichungen vom arithmetischen Mittel, sondern von den Abweichungen vom Hauptverlauf ausgehen. Dabei ist jedoch darauf zu achten, daß die Summe aller Abweichungen einer Veränderlichen stets gleich 0 sein muß. Nur unter dieser Voraussetzung kann z. B. die Formel (18) auch auf die Abweichungen vom Hauptverlauf angewandt werden. Der Hauptverlauf wird in der Naturwissenschaft als „säkulare Schwankung", in der Wirtschaftsstatistik mit dem englischen Worte „Trend" bezeichnet.

Auf noch wenig durchforschten Gebieten ist es oft sehr schwierig, zur richtigen Deutung von Kkfn. zu kommen. Durch zielbewußte Vorbearbeitung des gegebenen Zahlenstoffes, z. B. Ausschaltung säkularer Schwankungen, Untersuchung vieler verwandter Erscheinungen mit den Mitteln der K.-R., Betrachtung der Änderungen (oder auch der angenäherten Konstanz) der Kkfn. und Kvhe. in Zeit und Raum wird man aber schließlich doch zum gewünschten Ziele gelangen.

V. DIE STOCHASTISCHE VERBUNDENHEIT VON MEHR ALS ZWEI VERÄNDERLICHEN

26. LINEARE BEZIEHUNGSGLEICHUNGEN FÜR MEHRERE VERÄNDERLICHE

Der Begriff des stochastischen Abhängigkeitsgesetzes, wie er in Kapitel 12 entwickelt wurde, läßt sich natürlich auch auf den Fall ausdehnen, daß eine zufällige Veränderliche mit mehreren anderen Veränderlichen zugleich sto-

52 V. Stochast. Verbundenheit von mehr als zwei Veränderlichen

chastisch verbunden ist. Wie bei der Untersuchung des stochastischen Zusammenhanges von 2 Veränderlichen neben den nicht-bedingten Verteilungsgesetzen der beiden Veränderlichen auch bedingte Verteilungsgesetze nebst den zugehörigen Maßzahlen auftreten, so erscheinen bei der Untersuchung des stochastischen Zusammenhanges von mehr als zwei Veränderlichen auch bedingte Abhängigkeitsgesetze und dementsprechend bedingte Kkfn. und bedingte Kvhe. Es würde zu weit führen, die sämtlichen dadurch neu hinzukommenden Begriffe und Aufgaben in dem vorliegenden Büchlein auch nur anzudeuten. Wir müssen uns daher auf die allereinfachste und zunächst praktisch am häufigsten vorkommende Aufgabe beschränken, die darin besteht, eine lineare Beziehungsgleichung aufzustellen, durch welche die bedingte math. Erw. einer der Veränderlichen „möglichst gut" als lineare Funktion der bedingenden Werte der anderen Veränderlichen dargestellt wird. Diese Aufgabe entspricht der in Kap. 17 für nur 2 Veränderliche behandelten.

Wir bezeichnen mit Y die bedingte Veränderliche, während $X_1, X_2, \ldots, X_n$ fortan nicht mehr — wie in den Abschnitten I bis IV — verschiedene Werte ein und derselben Veränderlichen, sondern die verschiedenen bedingenden Veränderlichen bedeuten sollen. Zusammengehörende Werte bezeichnen wir als eine Wertegruppe. Wenn z. B. der stochastische Zusammenhang des Ertrages der Heuernte eines Gebietes mit der im unmittelbar vorangegangenen Frühjahr gefallenen Niederschlagsmenge und der Temperatur dieses Gebietes im Erntemonat und im vorangegangenen Monat untersucht werden soll, so bilden Heuernteertrag, Frühjahrsniederschlagsmenge, Temperatur des Erntemonats und Temperatur des Vormonats des gleichen Jahres eine Wertegruppe. Die Zahl der Wertegruppen bezeichnen wir wieder mit N, und alle Summen werden über alle nach der Zeit oder sonstwie geordneten Wertegruppen von 1 bis N genommen. $y_\nu, x_{1,\nu}, x_{2,\nu}, \ldots, x_{n,\nu}$ stellen die Abweichungen der Veränderlichen Y, X_1 usw. in der ν ten Wertegruppe vom entsprechenden arithmetischen Mittel oder der zugehörigen Linie der säkularen Schwankung dar. An Stelle des bisher gebrauchten Summenzeichens $\sum$ verwenden wir das

Lineare Beziehungsgleichungen für mehrere Veränderliche 53

kürzere GAUSSsche [ ], so daß z. B. $[x_1 x_2] = \sum_{\nu=1}^{\nu=N} (x_{1,\nu} \cdot x_{2,\nu})$.

Die Streuungen von y, x_1, x_2, ..., x_n bezeichnen wir mit σ_y, σ_1, σ_2, ..., σ_n, die Kkfn. von Y mit jeder **einzelnen** Veränderlichen X_1, X_2, ..., X_n mit $r_1, r_2, ..., r_n$.

Auch bei mehreren Veränderlichen ist es meistens zweckmäßig, die Beziehungsgleichung in der Form aufzustellen, daß nicht die bedingte math. Erw. von Y sondern die bedingte math. Erw. der **Abweichung von Y** als Funktion der entsprechenden Abweichungen der X dargestellt wird. Die lineare Beziehungsgleichung lautet dann

(39) $\qquad \mathsf{E}^{(\,)} y = \beta_1 x_1 + \beta_2 x_2 + \cdots + \beta_n x_n$

oder „in normalen Koordinaten"

(40) $\qquad \mathsf{E}^{(\,)} \eta = \gamma_1 \mathfrak{X}_1 + \gamma_2 \mathfrak{X}_2 + \cdots + \gamma_n \mathfrak{X}_n$.

Mit dem Zeichen $\mathsf{E}^{(\,)}$ ist zum Ausdruck gebracht, daß es sich um die **bedingte** math. Erw. handelt. Entsprechend der auf Seite 33 gegebenen Definition von η und $\mathfrak{X}$ sind die Koeffizienten der Gleichung (39) mit denen der Gleichung (40) durch die Beziehung verbunden

(41) $\qquad\qquad \beta_h = \dfrac{\sigma_y}{\sigma_h} \gamma_h$.

Setzen wir in (39) nacheinander die Abweichungen der N Wertgruppen ein, wobei wir für $\mathsf{E}^{(\,)} y$ das jeweilige y setzen, so erhalten wir, da dann die Gleichung (39) nicht genau befriedigt wird, N Gleichungen der Form

$$\lambda_\nu = -y_\nu + \beta_1 x_{1,\nu} + \beta_2 x_{2,\nu} + \cdots + \beta_n x_{n,\nu}.$$

Nach der Methode der kleinsten Quadrate ist **das** Wertsystem $\beta_1, \beta_2, ..., \beta_n$ das vorteilhafteste, das die Bedingung $[\lambda \lambda]$ = Min. erfüllt.

Aus dieser Bedingung ergeben sich die Gleichungen

$$\frac{\partial [(-y + \beta_1 x_1 + \beta_2 x_2 + \cdots + \beta_n x_n)^2]}{\partial \beta_1} = 0,$$

$$\vdots$$

$$\frac{\partial [(-y + \beta_1 x_1 + \beta_2 x_2 + \cdots + \beta_n x_n)^2]}{\partial \beta_n} = 0$$

54 V. Stochast. Verbundenheit von mehr als zwei Veränderlichen

und hieraus das Gleichungssystem

$$(42) \begin{cases} [x_1 x_1]\beta_1 + [x_1 x_2]\beta_2 + [x_1 x_3]\beta_3 + \cdots + [x_1 x_n]\beta_n = [x_1 y] \\ [x_2 x_1]\beta_1 + [x_2 x_2]\beta_2 + [x_2 x_3]\beta_3 + \cdots + [x_2 x_n]\beta_n = [x_2 y] \\ \vdots \qquad \vdots \qquad \vdots \qquad \qquad \vdots \qquad \vdots \\ [x_n x_1]\beta_1 + [x_n x_2]\beta_2 + [x_n x_3]\beta_3 + \cdots + [x_n x_n]\beta_n = [x_n y]. \end{cases}$$

Diese n linearen Gleichungen nennt man in der Ausgleichsrechnung Normalgleichungen. Zu ihrer Auflösung bieten sich natürlich verschiedene Wege. Bei einer größeren Zahl von Unbekannten und wenn die Produktsummen mehrstellige Zahlen sind, führt das GAUSSsche Eliminationsverfahren am raschesten zum Ziele. Hierzu führt man die Symbole

$$(43) \begin{cases} [kl \cdot 1] = [kl] - \dfrac{[x_1 k]}{[x_1 x_1]} [x_1 l] \\ [kl \cdot 2] = [kl \cdot 1] - \dfrac{[x_2 k \cdot 1]}{[x_2 x_2 \cdot 1]} [x_2 l \cdot 1] \\ \vdots \qquad \vdots \qquad \vdots \\ [kl \cdot n] = [kl \cdot (n-1)] - \dfrac{[x_n k \cdot (n-1)]}{[x_n x_n \cdot (n-1)]} [x_n l \cdot (n-1)] \end{cases}$$

ein und erhält dann aus den Normalgleichungen (42) die sogenannten reduzierten Normalgleichungen

$$(44) \begin{cases} \beta_1 + \dfrac{[x_1 x_2]}{[x_1 x_1]}\beta_2 + \dfrac{[x_1 x_3]}{[x_1 x_1]}\beta_3 + \cdots + \dfrac{[x_1 x_n]}{[x_1 x_1]}\beta_n = \dfrac{[x_1 y]}{[x_1 x_1]} \\ \qquad \beta_2 + \dfrac{[x_2 x_3 \cdot 1]}{[x_2 x_2 \cdot 1]}\beta_3 + \cdots + \dfrac{[x_2 x_n \cdot 1]}{[x_2 x_2 \cdot 1]}\beta_n = \dfrac{[x_2 y \cdot 1]}{[x_2 x_2 \cdot 1]} \\ \qquad \qquad \vdots \\ \qquad \qquad \qquad \beta_n = \dfrac{[x_n y \cdot (n-1)]}{[x_n x_n \cdot (n-1)]}. \end{cases}$$

Aus dem Gleichungssystem (44) lassen sich dann die Koeffizienten β der Beziehungsgleichung durch schrittweise Substitution berechnen.

Im Falle eines apriorischen Abhängigkeitsgesetzes ist die durchschnittliche bedingte Streuung von y oder der m. F. der Beziehungsgleichung (39)

$$\sigma_y^{()} = \sqrt{\dfrac{[\lambda\lambda]}{N}} = \sqrt{\dfrac{[yy \cdot n]}{N}}.$$

Lineare Beziehungsgleichungen für mehrere Veränderliche 55

Analog dem Kvh. ist dann

$$(45) \qquad R^2 = 1 - \frac{(\sigma_y^{()})^2}{\sigma_y^2} = 1 - \frac{[yy \cdot n]}{[yy]}$$

ein Maß für die durch die Darstellung von $\mathsf{E}^{()}y$ als lineare Funktion von $x_1, x_2, \ldots, x_n$ gewonnene Beschränkung der Schwankung von Y. Ist die stochastische Beziehung von Y zu X_1 und zu allen übrigen X tatsächlich linear, dann ist R^2 sogar ein Maß für die Strammheit der stochastischen Verbundenheit von Y mit $X_1, X_2, \ldots, X_n$. Die Maßzahl R nennt man den **totalen Korrelationskoeffizienten**.

Multipliziert man die Koeffizienten γ der Beziehungsgleichung (40) mit den zugehörigen Kkfn., so erhält man Maßzahlen $C_1, C_2, \ldots, C_n$, welche — falls sie sämtlich positiv sind — unmittelbar angeben, mit welchem Bruchteil jede einzelne Veränderliche unter Berücksichtigung der übrigen Veränderlichen zu den Schwankungen von Y beiträgt. Es ist

$$\sum_1^n C = \sum_1^n (r \cdot \gamma) = R^2.$$

Wenn die Wertegruppen aus empirisch ermittelten Größen bestehen, dann ist der **mittlere Fehler** der Beziehungsgleichung

$$(46) \qquad m = \sqrt{\frac{[yy \cdot n]}{N - n}}.$$

Das Maß für die durch die Beziehungsgleichung zu erlangende Genauigkeit in der Bestimmung von y bzw. Y ist in diesem Falle

$$(47) \qquad G^2 = 1 - \frac{m^2}{\sigma_y^2}.$$

Man kann es als **Gütemaß** bezeichnen. Bei großem N ist G nicht wesentlich verschieden von R.

Mit der Ausdehnung der K.-R. auf mehrere stochastisch verbundene Veränderliche wurde ein **entscheidender Schritt zur Lösung des Problems der Vorhersage** im Bereiche der nicht-funktionellen Zusammenhänge getan.

27. ZAHLENBEISPIEL

Nach A. HANAU[1]) sind die Konjunkturschwankungen der Schweinepreise in hohem Maße von bestimmten anderen vorausgehenden wirtschaftlichen Erscheinungen abhängig. Bezeichnet man

mit y den Monatsdurchschnitt der prozentualen Abweichung der Schweinepreise vom Trend, vom Jahresgang (der sog. „Saisonschwankung") befreit,

mit x_1 den 12-Monatsdurchschnitt der prozentualen Abweichung des Verhältnisses der Schweinepreise zu den Futterpreisen vom Trend, 12 Monate (vom letzten in den 12-Monatsdurchschnitt einbezogenen Monat aus gerechnet) vor dem für y gewählten Monat,

mit x_2 den 12-Monatsdurchschnitt der prozentualen Abweichung der Futtereinheitspreise, 5 Monate vor dem für y gewählten Monat,

mit x_3 den Bestand an Muttersauen vor 12 Monaten, ausgedrückt in v. H. des Vorjahres, vom Jahresgang befreit,

so ergeben sich aus 215 Wertegruppen der Jahre 1895 bis 1913 für Deutschland folgende Produkt- und Quadratsummen und Streuungen:

$[y x_1] = -21734 \quad [x_1 x_2] = -15652 \quad [y\ y] = +25078 \quad \sigma_y = 10.8$

$[y x_2] = +11517 \quad [x_1 x_3] = +17743 \quad [x_1 x_1] = +36335 \quad \sigma_1 = 13.0$

$[y x_3] = -17304 \quad [x_2 x_3] = -7596 \quad [x_2 x_2] = +13760 \quad \sigma_2 = 8.0$

$\qquad\qquad\qquad\qquad\qquad\qquad\qquad [x_3 x_3] = +18198 \quad \sigma_3 = 9.2.$

Daraus folgt nach (43)

$[y\ x_2 \cdot 1] = [y\ x_2] - \dfrac{[y\ x_1]}{[x_1 x_1]}[x_1 x_2] = +2154.9 \qquad [y\ x_3 \cdot 2] = -6705.4$

$[y\ x_3 \cdot 1] = [y\ x_3] - \dfrac{[y\ x_1]}{[x_1 x_1]}[x_1 x_3] = -6690.8 \qquad [y\ y\ \cdot 2] = +11415.5$

$[x_2 x_3 \cdot 1] = [x_2 x_3] - \dfrac{[x_1 x_2]}{[x_1 x_1]}[x_1 x_3] = +47.4 \qquad [x_3 x_3 \cdot 2] = +9533.5$

$[y\ y\ \cdot 1] = [y\ y] - \dfrac{[y\ x_1]}{[x_1 x_1]}[y\ x_1] = +12077.2 \qquad [y\ y\ \cdot 3] = +6699.3$

$[x_2 x_2 \cdot 1] = [x_2 x_2] - \dfrac{[x_1 x_2]}{[x_1 x_1]}[x_1 x_2] = +7017.7$

$[x_3 x_3 \cdot 1] = [x_3 x_3] - \dfrac{[x_1 x_3]}{[x_1 x_1]}[x_1 x_3] = +9533.9.$

---

[1]) A. HANAU, Vierteljahrshefte zur Konjunkturforschung Sonderheft 2, Berlin 1927.

Durch Einsetzen dieser Werte in die reduzierten Normalgleichungen (44) bekommt man der Reihe nach $\beta_3 = -0.703$, $\beta_2 = +0.312$, $\beta_1 = -0.120$ und damit folgende Beziehungsgleichung zur Vorausberechnung der mathematischen Erwartung der monatlichen Schweinepreise in Deutschland

$$E^{()}y = -0.120\, x_1 + 0.312\, x_2 - 0.703\, x_3.$$

Der mittlere Fehler dieser Beziehungsgleichung ist nach (46) $m = 5.62$; $R = 0.856$, $G = 0.854$. In „normalen Koordinaten" lautet die Beziehungsgleichung

$$E^{()}\eta = -0.144\, \mathfrak{X}_1 + 0.231\, \mathfrak{X}_2 - 0.599\, \mathfrak{X}_3.$$

Da $r_1 = \dfrac{[yx_1]}{\sqrt{[yy][x_1 x_1]}} = -0.72$, $r_2 = +0.62$, $r_3 = -0.81$, so ist $C_1 = 0.104$, $C_2 = 0.143$, $C_3 = 0.485$. Daraus geht hervor, daß der Einfluß des Muttersauenbestandes 12 Monate vorher auf die Schweinepreisbildung weitaus größer ist als der der anderen Faktoren. Als Rechenkontrolle bildet man $C_1 + C_2 + C_3 = 0.732 = R^2$.

GESCHICHTLICHES

Der später als Kkf. bezeichnete Ausdruck $\dfrac{\sum xy}{\sqrt{\sum x^2 \sum y^2}}$ wurde schon von A. BRAVAIS (1811—1863), Professor der Physik in Paris, aufgestellt, jedoch ohne nähere Begründung. Der Gedanke, den Grad der zwischen zwei Erscheinungen bestehenden „Korrelation" (Ko-Relation = Mit-Beziehung) zu messen, wurde erstmals in der 1888 erschienenen Arbeit „Correlations and their measurement" von F. GALTON ausgesprochen, so daß wir 1888 als Geburtsjahr der Korrelationsrechnung anzusehen haben. F. GALTON (1822 bis 1911) war englischer Anthropologe. Er schrieb auch geographische und meteorologische Arbeiten und war Vorstandsmitglied der englischen Meteorologischen Gesellschaft von ihrer Gründung an. Weiter ausgebaut wurde die K.-R. vor allem von K. PEARSON (geb. 1857), Professor der angewandten Mathematik in London, und dessen Schüler G. U. YULE (geb. 1871), Professor der mathematischen Statistik an der Universität Cambridge. Um die logische Grundlegung der K.-R. hat sich besonders der russische Mathematiker A. A. TSCHUPROW (gest. 1926), zuletzt Professor an der Universität in Oslo (Norwegen), verdient gemacht. Sein Hauptwerk „Grundbegriffe und Grundprobleme der Korrelationstheorie" ist 1925 bei B. G. Teubner in Leipzig erschienen.

GRUNDBEGRIFFE UND GRUNDPROBLEME DER KORRELATIONSTHEORIE
Von weil. Prof. Dr. *A. A. Tschuprow*
[VI u. 153 S.] gr. 8. 1925. Geh. $\mathcal{RM}$ 6.—, geb. $\mathcal{RM}$ 8.—

„So werden die allen statistisch arbeitenden Disziplinen gemeinsamen logischen Vorfragen der Korrelationstheorie untersucht. Bei der Vielfältigkeit der hier üblichen Methoden war eine solche Klärung der logischen Voraussetzungen, der Bedeutung der Begriffe und der Interpretation der Resultate dringend notwendig. Darüber hinaus bietet das Buch eine Reihe schöner und neuer Ergebnisse." (Zeitschr. f. angew. Mathematik u. Mechanik.)

Wahrscheinlichkeitsrechnung. Von *O. Meißner*, wissenschaftl. Hilfsarbeiter am Geodät. Institut Potsdam. 2. Aufl. kl. 8. 1919. (MPhB 4 u. 33.) Kart. je $\mathcal{RM}$ 1.20
I. Grundlehren. Mit 3 Fig. im Text. [56 S.]
II. Anwendungen. Mit 5 Fig. im Text. [IV u. 52 S.]

Grundlagen der Wahrscheinlichkeitsrechnung der Theorie und der Beobachtungsfehler. Von Dr. *F. M. Urban*, Brünn. Mit 6 Textfig. [VI u. 290 S.] gr. 8. 1923. Geh. $\mathcal{RM}$ 6.20, geb. $\mathcal{RM}$ 8.60

Der Verfasser gewinnt durch rein logische Schlüsse aus den Begriffen der Mengenlehre ein geschlossenes System der Sätze der Wahrscheinlichkeitsrechnung. Die Methode der kleinsten Quadrate leitet er im Zusammenhang mit dem Bernoullischen Satze ab, faßt sie aber nicht genau identisch mit der Theorie der Beobachtungsfehler auf, wie das auf Grund der historischen Entwicklung zumeist angenommen wird. Das Werk wird für die verschiedensten Wissensgebiete, in denen die Wahrscheinlichkeitsrechnung Anwendung findet, von besonderem Interesse sein.

Einführung in die Wahrscheinlichkeitsrechnung. Von Dr. *J. L. Coolidge*, Prof. a. d. Harvard-Univ. Cambridge, Mass. Deutsche Ausgabe von Dr. *Fr. M. Urban*, Brünn. Mit 4 Fig. [IX u. 212 S.] 8. 1927. (Sammlung math.-phys. Lehrbücher Bd. 24.) Geb. $\mathcal{RM}$ 10.—

In dem Buch wird die statistische Auffassung der Wahrscheinlichkeit durchgeführt Zahlreiche Aufgaben geben Gelegenheit zur Einübung des Stoffes. Alle wichtigen Anwendungen, wie die Lehre von der Verteilung der Beobachtungsfehler, die kinetische Gastheorie und die Lebensversicherung, werden in ihren mathematischen Grundlagen ausführlich behandelt.

Versicherungsmathematik. Von Dr. *H. Broggi*, Prof. a. d. Univ. Buenos Aires u. La Plata. Deutsche Ausg., besorgt vom Verf. [VIII u. 360 S.] gr. 8. 1911. Geh. $\mathcal{RM}$ 10.—, geb. $\mathcal{RM}$ 12.—

Die mathematischen Grundlagen der Lebensversicherung. Von Dr. *H. Schütze*, Stuttgart. [IV u. 48 S.] kl. 8. 1922. (MPhB 46.) Kart. $\mathcal{RM}$ 1.20

Handbuch der mathematischen Statistik. Von *H. L. Rietz*, Prof. a. d. Univ. of Jowa, U. S. A. Ins Deutsche übertragen von Frau Dr. *A. Szegö*, Königberg i. Pr. [In Vorb. 1928]

Mit Unterstützung des National Research Council hat eine Kommission, die die maßgebendsten amerikanischen Fachleute vereinigt, ein Handbuch der mathematischen Statistik herausgegeben. Es dient in erster Linie den Praktikern der mathematischen Statistik und enthält ohne weitläufige mathematische Ableitungen die Elemente der Wahrscheinlichkeitsrechnung sowie die numerischen und spezifisch statistischen Methoden, wie sie in der Praxis gebraucht werden. Der Herausgeber hat die von ihm und den anderen acht Autoren herrührenden Beiträge in einem Rahmen geschickt vereinigt.

Verlag von B. G. Teubner in Leipzig und Berlin

Mathematisch-Physikalische Bibliothek

Fortsetzung von 2. Umschlagseite

Einführung in die darstellende Geometrie. Von W. Kramer. I. Teil. Senkr. Projektion auf eine Tafel. (Bd. 66.) II. Teil. Grund- und Aufrißverfahren. Allgemeine Parallelprojektion. Perspektive. [In Vorb. 1928.] (Bd. 67)

Darstellende Geometrie des Geländes und verwandte Anwendungen der Methode der kotierten Projektionen. Von R. Rothe. 2., verb. Aufl. (Bd. 35/36)

Einführung in die Lehre von den Kartennetzen. Von L. Balser. (Bd. 81)

Karte und Kroki. Von H. Wolff. (Bd. 27)

Konstruktionen in begrenzter Ebene. Von P. Zühlke. (Bd. 11)

Einführung in die projektive Geometrie. Von M. Zacharias. 2. Aufl. (Bd. 6)

Funktionen, Schaubilder, Funktionstafeln. Von A. Witting. (Bd. 48)

Einführung in die Nomographie. Von P. Luckey. 2. Aufl. (Bd. 28)

Nomographie. Praktische Anleitung zum Entwerfen graphischer Rechentafeln mit durchgeführten Beispielen aus Wissenschaft und Technik. Von P. Luckey. 2., neubearb. u. erweit. Aufl. der „Einführung in die Nomographie", 2. Teil. (Bd. 59/60)

Theorie und Praxis des logarithmischen Rechenstabes. Von A. Rohrberg. 3. Aufl. (Bd. 23)

Mathematische Instrumente. Von W. Zabel. I. Hilfsmittel und Instrumente zum Rechnen. II. Hilfsmittel und Instrumente zum Zeichnen. [In Vorb. 1928.] (Bd. 76/77)

Die Anfertigung mathematischer Modelle. (Für Schüler mittlerer Klassen.) Von K. Giebel. 2. Aufl. (Bd. 16)

Mathematik und Logik. Von H. Behmann. (Bd. 71)

Mathematik und Biologie. Von M. Schips. (Bd. 42)

Mathematik und Sport. Von E. Lampe. [In Vorb. 1928.] (Bd. 74)

Die mathematischen und physikalischen Grundlagen der Musik. Von J. Peters. (Bd. 55)

Mathematik und Malerei. 2 Bände in 1 Band. Von G. Wolff. 2. Aufl. (Bd. 20/21)

Elementarmathematik und Technik. Eine Sammlung elementarmathematischer Aufgaben mit Beziehungen zur Technik. Von R. Rothe. (Bd. 54)

Finanz-Mathematik. (Zinseszinsen-, Anleihe- und Kursrechnung.) Von K. Herold. (Bd. 56)

Die mathematischen Grundlagen der Lebensversicherung. Von H. Schütze. (Bd. 46)

Riesen und Zwerge im Zahlenreiche. Von W. Lietzmann. 2. Aufl. (Bd. 25)

Geheimnisse der Rechenkünstler. Von Ph. Maennchen. 3. Aufl. (Bd. 13)

Wo steckt der Fehler? Von W. Lietzmann und V. Trier. 3. Aufl. (Bd. 52)

Trugschlüsse. Gesammelt von W. Lietzmann. 3. Aufl. (Bd. 53)

Die Quadratur des Kreises. Von E. Beutel. 2. Aufl. (Bd. 12)

Das Delische Problem (Die Verdoppelung des Würfels). Von A. Herrmann. (Bd. 68)

Mathematiker-Anekdoten. Von W. Ahrens. 2. Aufl. (Bd. 18)

Die Fallgesetze. Von H. E. Timerding. 2. Aufl. (Bd. 5)

Kreisel. Von M. Winkelmann. [In Vorb. 1928.] (Bd. 80)

Atom- und Quantentheorie. Von P. Kirchberger. I. Atomtheorie. II. Quantentheorie. (Bd. 44 u. 45)

Ionentheorie. Von P. Bräuer. (Bd. 38)

Das Relativitätsprinzip. Leichtfaßlich entwickelt von A. Angersbach. (Bd. 39)

Drahtlose Telegraphie und Telephonie in ihren physikalischen Grundlagen. Von W. Ilberg. (Bd. 62)

Optik. Von E. Günther. [In Vorb. 1928.] (Bd. 78)

Die Grundlagen unserer Zeitrechnung. Von A. Barneck. (Bd. 29)

Mathematische Himmelskunde. Von O. Knopf. (Bd. 63)

Mathem. Streifzüge durch die Geschichte der Astronomie. Von P. Kirchberger. (Bd. 40)

Theorie der Planetenbewegung. Von P. Meth. 2., umgearb. Aufl. (Bd. 8)

Beobachtung des Himmels mit einfachen Instrumenten. Von Fr. Rusch. 2. Aufl. (Bd. 14)

Grundzüge der Meteorologie. Von W. König. (Bd. 70)

Verlag von B. G. Teubner in Leipzig und Berlin

MIX
Papier aus verantwortungsvollen Quellen
Paper from responsible sources
FSC® C105338

If you have any concerns about our products,
you can contact us on
ProductSafety@springernature.com

In case Publisher is established outside the EU,
the EU authorized representative is:
**Springer Nature Customer Service Center GmbH
Europaplatz 3, 69115 Heidelberg, Germany**

Printed by Libri Plureos GmbH
in Hamburg, Germany